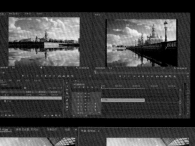

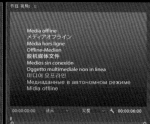

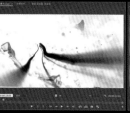

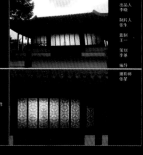

高等院校计算机应用系列教材

Premiere Pro 2024
视频编辑基础教程
（微课版）

刘 放 主编

清华大学出版社
北 京

内 容 简 介

本书详细介绍 Premiere Pro 2024 中文版在影视后期制作方面的主要功能和应用技巧。全书共 14 章，第 1 章介绍视频编辑基础知识；第 2 章～第 13 章介绍 Premiere 软件的具体操作知识，并配以大量实用的操作练习和实例，让读者在轻松的学习过程中快速掌握软件的使用技巧，同时达到对软件知识学以致用的目的；第 14 章主要讲解 Premiere 在影视后期制作专业领域的综合案例。

本书内容丰富、结构合理、思路清晰、语言简洁流畅、实例丰富，既适合作为高等院校广播电视类专业、影视艺术类专业和数字传媒类专业的教材，也适合作为影视后期制作人员的参考书。

本书配套的电子课件、实例源文件和习题答案可以到 http://www.tupwk.com.cn/downpage 网站下载，也可以扫描前言中的"配套资源"二维码获取。扫描前言中的"看视频"二维码可以直接观看教学视频。

图书在版编目（CIP）数据

Premiere Pro 2024 视频编辑基础教程：微课版 /
刘放主编 . -- 北京：清华大学出版社，2024. 7.
（高等院校计算机应用系列教材）. -- ISBN 978-7-302
-66583-0

Ⅰ . TP317.53

中国国家版本馆 CIP 数据核字第 2024L51R28 号

责任编辑：胡辰浩
封面设计：高娟妮
版式设计：芃博文化
责任校对：孔祥亮
责任印制：杨 艳

出版发行：清华大学出版社
　　网　　　址：https://www.tup.com.cn，https://www.wqxuetang.com
　　地　　　址：北京清华大学学研大厦 A 座　　　　　邮　　编：100084
　　社 总 机：010-83470000　　　　　　　　　　　邮　　购：010-62786544
　　投稿与读者服务：010-62776969，c-service@tup.tsinghua.edu.cn
　　质 量 反 馈：010-62772015，zhiliang@tup.tsinghua.edu.cn
印 装 者：三河市龙大印装有限公司
经　　销：全国新华书店
开　　本：185mm×260mm　　　印　　张：18.5　　　插　页：2　　　字　　数：417 千字
版　　次：2024 年 9 月第 1 版　　　印　　次：2024 年 9 月第 1 次印刷
定　　价：79.00 元

产品编号：103425-01

前　言

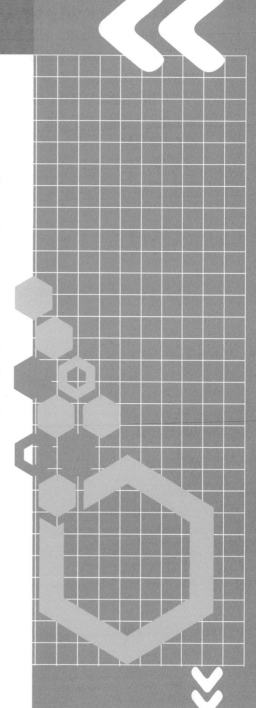

Premiere是目前影视后期制作领域应用广泛的影视编辑软件，因其强大的视频编辑处理功能而备受用户青睐。

本书主要面向Premiere Pro 2024的初、中级读者，合理安排知识点，运用简洁流畅的语言，结合丰富实用的练习和实例，由浅入深地讲解Premiere在影视编辑领域的应用，让读者可以在最短的时间内学习到最实用的知识，轻松掌握Premiere在影视后期制作专业领域的应用方法和技巧。

本书共14章，具体内容如下。

第1章：主要讲解视频编辑基础知识，包括数字视频概念、视频与音频格式、线性编辑和非线性编辑、素材采集、视频编辑中的常见术语等内容。

第2章~第6章：主要讲解Premiere的项目和序列，包括新建项目、项目与素材的管理、序列的创建与编辑、素材持续时间的修改、素材入点和出点的设置、时间轴面板和各种监视器面板的应用等内容。

第7章：主要讲解Premiere的文本设计，包括创建文本、设置文本属性、应用文本样式等内容。

第8章~第11章：主要讲解Premiere的视频效果和视频过渡相关知识，包括视频过渡的添加和设置、视频效果的添加和设置、动画效果的制作和视频合成等内容。

第12章：主要讲解音频编辑，包括音频基础知识、Premiere音频处理基础、编辑和设置音频、应用音频特效和音轨混合器等内容。

第13章：主要讲解渲染与输出，包括Premiere的渲染方式、项目的渲染与生成、项目输出类型、媒体导出与设置等内容。

第14章：主要讲解Premiere在影视编辑中的综合案例。

本书内容丰富、结构清晰、图文并茂、通俗易懂，适合以下读者学习和使用。

(1) 从事影视后期制作的工作人员。

(2) 对影视后期制作感兴趣的业余爱好者。

(3) 电脑培训班中学习影视后期制作的学员。

(4) 高等院校相关专业的学生。

本书由鲁迅美术学院的刘放编写。我们真切希望读者在阅读本书之后，不仅能开拓视野，还能增长实践操作技能，并且学习和总结操作的经验和规律，达到灵活运用的水平。鉴于编者水平有限，书中难免存在纰漏和考虑不周之处，欢迎读者予以批评、指正。我们的邮箱是992116@qq.com，电话是010-62796045。

本书配套的电子课件、实例源文件和习题答案可以到http://www.tupwk.com.cn/downpage网站下载，也可以扫描下方的"配套资源"二维码获取。扫描下方的"看视频"二维码可以直接观看教学视频。

扫描下载　　　　　　　扫一扫

配套资源　　　　　　　看视频

刘 放

2024年5月

目　录

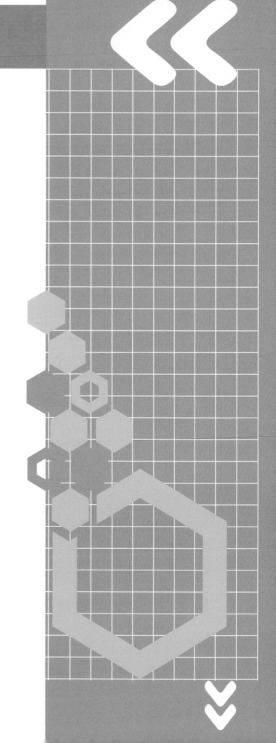

第1章

视频基础知识

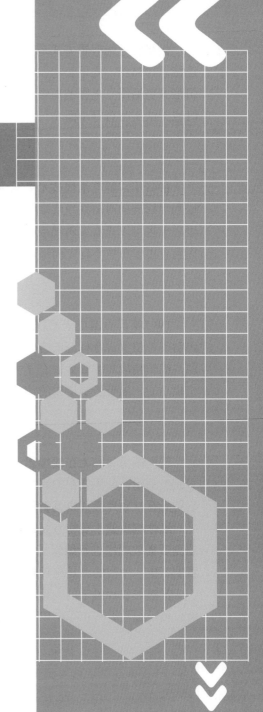

使用数码摄像机进行影片拍摄,能直接在机器中将高品质的视频数字化。信号被数字化之后,可以通过线缆直接传输到个人计算机中。将这些视频内容保存到计算机中后,需要借助视频编辑软件将它们制作成引人注目的视频作品。视频编辑技术经过多年的发展,已由最初的直接剪接胶片的形式发展到如今借助计算机进行数字化编辑的阶段,进入了非线性编辑的数字化时代。在学习视频编辑之前,首先需要对视频编辑基础知识有充分的了解和认识。

本章将介绍视频基础知识,包括视频基本概念、数字视频基础、视频和音频的常见格式、常用的编码解码器、视频压缩方式、非线性编辑技术、影视制作前的准备等内容。

1.1 影视编辑的发展阶段

随着电影的产生和发展，视觉表现力的丰富与完善，以及电影细节的具体分工的产生，剪辑与合成作为重要的部分应运而生。到目前为止，影视编辑的发展共经历了物理剪辑方式、电子编辑方式、时码编辑方式、线性编辑方式和非线性编辑方式等阶段。

1.1.1 物理剪辑方式

最初的电影剪辑方式是指按导演和剪辑师的创作意图将胶片直接剪开，用胶水或胶带连接。1956年，安培公司发明了磁带录像机，可以利用电视观看编辑的节目，但节目的编辑形式仍沿用了电影的剪辑方式。这种编辑方式对磁带有损伤，节目磁带不能复用，编辑时也无法实时查看画面。

1.1.2 电子编辑方式

1961年，随着录像技术和录像机功能的不断完善，电视编辑进入了电子编辑时代，可以利用标准的对编系统实现从素材到节目的转录。电子编辑避免了对磁带的损伤，在编辑过程中也可以查看编辑结果并及时进行修改。电子编辑的编辑精度不高，无法逐帧重放，而且会由于带速不均匀而造成接点处出现跳帧的现象。

1.1.3 时码编辑方式

1967年，美国电子工程公司研制出了EECO时码系统。1969年，使用SMPTE/EBU时码对磁带位置进行标记的方法实现了标准化，使用基于时码设备的编辑技术和手段不断涌现，编辑精度和编辑效率有了大幅度的提高。但是这种编辑方式仍无法实现编辑点的实时定位功能，磁带复制造成的信号损失问题也没有彻底解决。

1.1.4 线性编辑方式

线性编辑又称为在线编辑，是一种直接用母带进行剪辑的方式，传统的电视编辑就属于此类编辑。如果要在编辑好的录像带上插入或删除视频片段，那么在插入点或删除点以后的所有视频片段都要重新移动一次，在操作上很不方便。

线性编辑的主要特点是录像带必须按照顺序进行编辑。因此，线性编辑只能按照视频的先后播放顺序进行编辑工作，比如早期为录制的DV和电影添加字幕，以及对其进行剪辑的工作，使用的就是这种技术。

虽然与胶片磁带的物理剪辑相比，线性编辑有许多优点，但是随着视频编辑技术的不断发展，线性编辑也存在以下不足之处。

1. 不能随机存取素材

线性编辑系统以磁带为记录载体，节目信号按照时间线进行排列，在寻找素材时，录像机需要进行卷带搜索，只能在一维时间轴上按照镜头顺序一段一段地搜索，不能跳跃进行。因此，在寻找素材时很费时间，影响了编辑效率。

2. 节目内容修改难度大

由于线性编辑以磁带线性记录为基础，因此一般只能按照编辑顺序记录，这样对节目的修改非常不方便，因为任何电视节目从样片到定稿往往要经过多次编辑。

3. 信号复制质量受损严重

线性编辑方式是将源素材的信号复制到另一盘磁带上。线性编辑系统中的信号主要是模拟视频，当进行编辑及多代复制时，特别是在一个复杂的系统中工作时，信号在传输和编辑过程中容易受到外界干扰，造成信号损失，使图像劣化更明显。在前一版的基础上，每编辑一版都会导致图像质量下降。

4. 录像机磨损严重，磁带容易损伤

使用线性编辑方式编辑一部几十分钟的影片，要选择几百个甚至上千个镜头，录像机需要来回搜索、反复编辑，这会使录像机的机械系统磨损严重，磁带容易损伤。录像机会因为操作强度大，造成使用寿命严重缩短，且维修费用昂贵。

1.1.5　非线性编辑方式

1970年，美国研制出了第一台非线性编辑系统。这种早期的模拟非线性编辑系统将图像信号以调频方式记录在磁盘上，可以随机确定编辑点。20世纪80年代出现了纯数字非线性编辑系统，但当时压缩硬件还不成熟，磁盘存储容量也很小，因而视频信号并不是以压缩方式记录的，系统也仅限于制作简单的广告和片头。20世纪90年代以后，随着数字媒体技术和存储技术的发展、实时压缩芯片的出现、压缩标准的建立，以及相关软件技术的发展，非线性编辑系统进入了快速发展时期。

1.2　非线性编辑技术

非线性编辑(简称非编)系统是计算机技术和电视数字化技术的结晶。它使电视制作的设备由分散到简约，制作速度和画面效果均有很大提高。由于非线性编辑系统特别适合蒙太奇影视编辑的手法和意识流的思维方式，因此它赋予了电视编导和制作人员极大的创作自由度。

1.2.1　非线性编辑的概念

非线性编辑(Non-Linear Editing，NLE)是一种组合和编辑多个视频素材的方式。它使

用户在编辑过程中,能够在任意时刻随机访问所有素材。

非线性编辑技术融入了计算机和多媒体这两个先进领域的前端技术,集录像、编辑、特技、动画、字幕、同步、切换、调音、播出等多种功能于一体,改变了人们剪辑素材的传统观念,克服了传统编辑设备的缺点,提高了视频编辑的效率。

从狭义上讲,非线性编辑是指剪切、复制和粘贴素材时无须在存储介质上重新排列它们;而传统的录像带编辑、素材存放都是有次序的。从广义上讲,非线性编辑是指在用计算机编辑视频的同时,还能实现诸多的处理效果,如特技等。

非线性编辑系统是指把输入的各种音视频信号进行A/D(模/数)转换,采用数字压缩技术将其存入计算机硬盘。非线性编辑没有采用磁带,而是使用硬盘作为存储介质,记录数字化的音视频信号。由于硬盘可以满足在1/25秒(PAL)内完成任意一幅画面的随机读取和存储,因此可以实现音视频编辑的非线性。

1.2.2　非线性编辑系统

非线性编辑的实现要靠软件与硬件的支持,这就构成了非线性编辑系统。从硬件上看,非线性编辑系统可由计算机、视频卡或IEEE 1394板卡、声卡、高速AV硬盘、专用板卡及外围设备构成。为了能够直接处理来自数字录像机的信号,有的非线性编辑系统还带有SDI标准的数字接口,以充分保证数字视频的输入/输出质量。其中,视频卡用来采集和输出模拟视频,也就是承担A/D和D/A的实时转换。从软件上看,非线性编辑系统主要由非线性编辑软件以及二维动画软件、三维动画软件、图像处理软件和音频处理软件等外围软件构成。随着计算机硬件性能的提高,视频编辑处理对专用器件的依赖性越来越小,软件的作用则更加突出。因此,掌握像Premiere之类的非线性编辑软件,就成了非线性编辑的关键。

非线性编辑系统的出现与发展,一方面使影视制作的技术含量在增加,越来越专业化;另一方面,使影视制作更为简便,越来越大众化。一台个人计算机加装IEEE 1394卡,再配合Premiere就可以构成一个非线性编辑系统。

1.2.3　非线性编辑的特点

相对于线性编辑的制作途径,非线性编辑是在计算机中利用数字信息进行视频、音频编辑,只需要使用鼠标和键盘就可以完成视频编辑的操作。非线性编辑的特点体现在以下几点。

1. 浏览素材

在查看存储在磁盘上的素材时,非线性编辑系统具有极大的灵活性。可以用正常速度播放,也可以快速重放、慢放和单帧播放,播放速度可无级调节,也可反向播放。

2. 帧定位

在确定帧时,非线性编辑系统的最大优点是可以实时定位,既可以手动操作进行粗略定位,也可以使用时间码精确定位到编辑点。

3. 调整素材长度

在调整素材长度时，非线性编辑系统通过时间码编辑实现精确到帧的编辑，同时吸取了影片剪辑简便且直观的优点，可以参考编辑点前后的画面直接进行手工剪辑。

4. 组接素材

非线性编辑系统中各段素材的位置关系可以随意调整。在编辑过程中，可以随时删除节目中的一个或多个镜头，或向节目中的任一位置插入一段素材，也可以实现磁带编辑中常用的插入和组合编辑。

5. 素材联机和脱机

大多数非线性编辑系统采用联机编辑方式工作，这种编辑方式可充分发挥非线性编辑的特点，提高编辑效率，但同时会受到素材硬盘存储容量的限制。如果使用的非线性编辑系统支持时间码信号采集和编辑决策列表(Editorial Determination List，EDL)输出，则可以采用脱机方式处理素材量较大的节目。

6. 复制素材

非线性编辑系统中使用的素材全都以数字格式存储，因此在复制一段素材时，不会像磁带复制那样引起画面质量的下降。

7. 视频软切换

在剪辑多机拍摄的素材或同一场景多次拍摄的素材时，可以在非线性编辑系统中采用软切换的方法模拟切换台的功能。首先保证多轨视频精确同步，然后选择其中的一路画面输出，切换点可根据节目要求任意设定。

8. 视频特效

在非线性编辑系统中制作特效时，一般可以在调整特效参数的同时观察特效对画面的影响，尤其是软件特效，还可以根据需要扩充和升级，只需复制相应的软件升级模块就能增加新的特效功能。

9. 字幕制作

字幕与视频画面的合成方式有软件和硬件两种。软件字幕实际上使用了特技抠像的方法进行处理，生成的时间较长，一般不适合制作字幕较多的节目。

10. 音频编辑

大多数基于个人计算机的非线性编辑系统能直接从CD唱片、MIDI文件中录制波形声音文件，波形声音文件可以直接在屏幕上显示音量的变化，使用编辑软件进行多轨声音的合成时，一般也不受总的音轨数量的限制。

11. 动画制作与画面合成

由于非线性编辑系统的出现，动画的逐帧录制设备已基本被淘汰。非线性编辑系统除了可以实时录制动画，还能通过抠像实现动画与实拍画面的合成，极大地丰富了节目制作的手段。

1.2.4　非线性编辑的优势

从非线性编辑系统的作用来看，它集录像机、切换台、数字特技机、编辑机、多轨录音机、调音台、MIDI创作等设备于一身，几乎包括所有的传统后期制作设备。这种高度的集成性，使得非线性编辑系统的优势更为明显。因此，它能在广播电视界占据越来越重要的地位。总的来说，非线性编辑系统具有信号质量高、制作水平高、设备寿命长、便于升级、网络化等方面的优越性。

1. 信号质量高

使用传统的录像带编辑节目，素材磁带要磨损多次，而机械磨损是不可弥补的。另外，为了制作特技效果，还必须"翻版"，每"翻版"一次，就会造成一次信号损失。而在非线性编辑系统中，无论如何处理或编辑节目带，这些缺陷都是不存在的。信号被复制多次后，质量将始终如一。因此，非线性编辑系统能保证得到相当于模拟视频第二版质量的节目带，而使用线性编辑系统绝不可能有这么高的信号质量。

2. 制作水平高

使用传统的线性编辑方法制作一个十几分钟的节目，往往需要对长达四五十分钟的素材带反复进行审阅比较，然后将所选择的镜头编辑组接，并进行必要的转场、特技处理。这其中包含大量机械的重复劳动。而在非线性编辑系统中，大量的素材都存储在硬盘上，可以随时调用，不必费时费力地逐帧寻找。素材的搜索极其容易，不用像传统的编辑机那样来回倒带，只需要用鼠标拖动一个滑块，就能在瞬间找到需要的那一帧画面，搜索某段、某帧素材易如反掌。整个编辑过程就像文字处理一样，既灵活又方便。

3. 设备寿命长

非线性编辑系统对传统设备的高度集成，使后期制作所需的设备降至最少，有效地节约了投资。而且由于是非线性编辑，用户只需要一台录像机，在整个编辑过程中，录像机只需要启动两次：一次是输入素材；另一次是录制节目带。这样就避免了磁鼓的大量磨损，使得录像机的寿命大大延长。

4. 便于升级

影视制作水平的提高，总是对设备不断地提出新的要求，这一矛盾在传统的线性编辑系统中很难解决，因为这需要不断地进行投资。而使用非线性编辑系统，则能较好地解决这一矛盾。非线性编辑系统采用的是易于升级的开放式结构，支持许多第三方的硬件和软件。通常，功能的增加只需要通过软件的升级就能实现。

5. 网络化

网络化是计算机的一大发展趋势，非线性编辑系统可充分利用网络方便地传输数字视频，实现资源共享，还可利用网络上的计算机协同创作，对于数字视频资源的管理、查询更是方便。在一些电视台中，非线性编辑系统都在利用网络方面发挥着更大的作用。

当然，非线性编辑系统也存在一些不足。例如，因非线性编辑系统的操作与传统的操作不同，所以显得比较专业化；受硬盘容量的限制，记录内容有限；实时制作受到技术制约，特技等内容不能太复杂；图像信号压缩有损失；必须预先把素材装入非线性编辑系统。

1.2.5 非线性编辑的流程

任何非线性编辑的工作流程，都可以简单地看成输入、编辑、输出3个步骤。

1. 素材的采集与输入

采集就是利用视频编辑软件，将模拟视频、音频信号转换成数字信号并存储到计算机中，或者将外部的数字视频存储到计算机中，成为可以处理的素材。输入主要是将其他软件处理过的图像、声音等，导入正在使用的视频编辑软件中。

2. 素材的编辑

素材的编辑就是设置素材的入点与出点，以选择最合适的部分，然后按时间顺序组接不同素材的过程。另外，还可以进行特技处理和字幕制作等操作。

- ❍ 特技处理：对于视频素材，特技处理包括转场、特效、合成叠加；对于音频素材，特技处理包括转场、特效。令人震撼的画面效果，就是在这一过程中产生的。而非线性编辑软件功能的强弱，往往也体现在这方面。
- ❍ 字幕制作：字幕是节目中非常重要的部分，它包括文字和图形两个方面。

3. 输出和生成

节目编辑完成后，就可以输出为媒体文件；也可以生成视频文件，将其发布到网上，或刻录到VCD和DVD等。

1.3 视频的基本概念

目前，视频可以分为模拟视频和数字视频两大类。在进行视频编辑的学习前，首先需要了解一下视频的基本概念。

1.3.1 动画

动画是指通过迅速显示一系列连续的图像而产生动作模拟效果。

1.3.2 帧

电视、电影中的影片虽然都是动画影像，但这些影片其实都是由一系列连续的静态图像组成的，在单位时间内的这些静态图像就称为帧。由于人眼对运动物体具有视觉残像的生理特点，因此当某段时间内一组动作连续的静态图像依次快速显示时，就会被"感觉"是一段连贯的动画。

1.3.3　帧速率

电视或显示器上每秒钟扫描的帧数即帧速率。帧速率的大小决定了视频播放的平滑程度。帧速率越高，动画效果越平滑，反之就会有阻塞。在视频编辑中也常常利用这样的特点，通过改变一段视频的帧速率来实现快动作与慢动作的表现效果。

标准DV NTSC(北美和日本标准)视频的帧速率是29.97帧/秒；欧洲使用逐行倒相(Phase Alternation Line，PAL)电视制式，其标准帧速率是25帧/秒。电影的标准帧速率是24帧/秒。新高清视频摄像机也可以24帧/秒(准确地说是23.976帧/秒)录制。

在Premiere中，帧速率是非常重要的，它能帮助测定项目中动作的平滑度。通常，项目的帧速率与视频影片的帧速率相匹配。例如，如果使用DV设备将视频直接采集到Premiere中，那么采集速率会被设置为29.97帧/秒，以匹配为Premiere的DV项目设置的帧速率。

1.3.4　关键帧

关键帧是素材中的一个特定帧，它被标记是为了特殊编辑或控制整个动画。当创建一个视频时，在需要大量数据传输的部分指定关键帧，有助于控制视频回放的平滑程度。

1.3.5　像素

像素是图像编辑中的基本单位。像素是一个个有色方块，图像由许多像素以行和列的方式排列而成。文件包含的像素越多，其所含的信息也越多，所以文件越大，图像品质就越好。

1.3.6　场

视频素材分为交错式和非交错式。交错视频的每一帧由两个场(Field)构成，称为场1和场2，也称为奇场(Odd Field)和偶场(Even Field)，在Premiere中称为上场(Upper Field)和下场(Lower Field)，这些场按照顺序显示在NTSC或PAL制式的显示器上，从而产生高质量的平滑图像。

1.3.7　视频制式

大家平时所看到的电视节目都是经过视频处理后进行播放的。由于世界上各个国家对电视视频制定的标准不同，故其制式也有一定的区别。各种制式的区别主要表现在帧速率、分辨率、信号带宽等方面，而现行的彩色电视制式有NTSC、PAL和SECAM三种。

- NTSC(National Television System Committee)：这种制式主要在美国、加拿大等大部分西半球国家以及日本、韩国等地被采用。
- PAL(Phase Alternation Line)：这种制式主要在中国、英国、澳大利亚、新西兰等地被采用。根据其中的细节可以进一步划分成G、I、D等制式，我国采用的是PAL-D。

○ SECAM：这种制式主要在法国、东欧、中东等地被采用。这是一种按顺序传送
　　与存储彩色信号的制式。

NTSC、PAL和SECAM三种制式的区别如表1-1所示。

表1-1　NTSC、PAL和SECAM的区别

区别项	制式		
	NTSC	PAL	SECAM
帧频/(帧/秒)	30	25	25
行频/(行/秒)	525	625	625
亮度带宽/MHz	4.2	6.0	6.0
色度带宽/MHz	1.4(U)，0.6(V)	1.4(U)，0.6(V)	>1.0(U)，>1.0(V)
声音载波/MHz	4.5	6.5	6.5

1.3.8　视频画幅大小

数字视频作品的画幅大小决定了Premiere项目的宽度和高度。在Premiere中，画幅大小是以像素为单位进行计算的。像素是计算机监视器上能显示的最小图片元素。如果正在工作的项目使用的是DV影片，那么通常使用DV标准画幅大小，即720×480像素。HDV视频摄像机可以录制1280×720像素和1400×1080像素大小的画幅。更昂贵的高清(HD)设备能以1920×1080像素进行拍摄。

在Premiere中，也可以在画幅大小不同于原始视频画幅大小的项目中进行工作。例如，使用用于iPod或手机视频的设置创建项目，对DV影片(720×480像素)进行编辑，此项目的编辑画幅大小将是640×480像素，而且它将会以240×480像素的QVGA(四分之一视频图形阵列)画幅大小进行输出。

1.3.9　像素纵横比

在DV出现之前，多数台式计算机视频系统中使用的标准画幅大小是640×480像素。计算机图像是由正方形像素组成的，因此640×480像素和320×240像素(用于多媒体)的画幅大小非常符合电视的纵横比(宽度比高度)，即4∶3(每4个正方形横向像素，对应有3个正方形纵向像素)。

但是，在使用720×480像素或720×486像素的DV画幅大小进行工作时，图像不是很清晰。这是因为如果创建的是720×480像素的画幅大小，那么纵横比就是3∶2，而不是4∶3的电视标准。因此，需要使用矩形像素(比宽度更高的非正方形像素)将720×480像素压缩为4∶3的纵横比。

在Premiere中创建DV项目时，可以看到DV像素纵横比被设置为0.9而不是1。此外，如果在Premiere中导入画幅大小为720×480像素的影片，那么像素纵横比将自动被设置为0.9。

1.3.10　渲染

渲染是指对项目进行输出的操作，在项目应用了转场和其他效果之后，将源信息组合

成单个文件的过程。

1.4 数字视频基础

数字视频就是以数字形式记录的视频，和模拟视频是相对的。相对于模拟视频而言，数字视频可以长时间存放，且视频质量不会降低，还可以不失真地进行无数次复制。在Premiere中编辑的视频则属于数字视频，下面讲解数字视频的相关知识。

1.4.1 认识数字视频

对于消费者而言，数字视频也许仅意味着使用佳能、JVC、松下或索尼的最新摄像机拍摄的视频。数字视频摄像机拍摄的图片信息是以数字信号存储的，摄像机将图片数据转换为数字信号并保存在录像带中，与计算机将数据保存在硬盘上的方式相同。

在Premiere中，数字视频项目通常包含视频、静帧图像和音频，它们都已经数字化或者已经从模拟格式转换为数字格式。来自数码摄像机的以数字格式存储的视频和音频信息，可以通过IEEE 1394端口直接传输到计算机中。因为数据已经数字化，所以IEEE 1394端口可以提供非常快的数据传输速度。

若要使用模拟摄像机拍摄的或者在模拟视频磁带上录制的视频影片，则首先需要将影片数字化。使用安装在计算机上的模拟-数字采集卡可以处理这一过程。这些采集卡可以数字化音视频。专业的视频、广播和后期制作设备，也可以使用串行数字传输接口(SDTI或SDI)来传送已压缩或无压缩的数据。

在Premiere中，照片和幻灯片这类视觉媒体，也需要在使用之前先转换为数字格式。扫描仪可以数字化幻灯片和静态照片，使用数码相机拍摄幻灯片和照片也可以实现数字化。一旦将这些图像数字化并保存到计算机硬盘后，就可以直接将其载入Premiere。调整好项目之后，数字视频制作过程的最后一步是将它输出到硬盘、DVD或录像带中。

> ❖ 注意：
>
> DV(也称作DV25)指的是在消费者摄像机中使用的一种特定的数字视频格式。DV使用了特定的画幅大小和帧速率。

1.4.2 数字视频的优势

相对于传统的模拟视频而言，数字视频具有众多优势。在数字视频中，可以自由地复制音视频而不会损失品质。然而，对于模拟视频来说，每次在录像带中将一段素材复制并传送一次，都会降低一些品质。

数字视频的主要优势是，使用数字视频可以非线性方式编辑视频。传统的视频编辑需要编辑者从开始到结束逐段地以线性方式组装录像带作品。在线性编辑时，每段视频素材都录制在节目卷轴上的前一段素材之后。线性系统存在的一个问题是，重新编辑某个片段或者插入某个片段所花费的时间并不等于要替换的原始片段的持续时间。如果需要在作品的中间位置重新编辑一段素材，那么整个节目都需要重新编排。在整个过程中，都要将一切保持为原来的顺序，这无疑大大地增加了工作的复杂度。

1.4.3　数字视频量化

模拟波形在时间和幅度上都是连续的。数字视频为了把模拟波形转换成数字信号，必须把这两个量纲转换成不连续的值。将幅度表示成一个整数值，而将时间表示成一系列按时间轴等步长的整数距离值。把时间转换成离散值的过程称为采样，而把幅度转换成离散值的过程称为量化。

1.4.4　数字视频的记录方式

视频的记录方式一般有两种：一种是以数字信号的方式记录；另一种是以模拟信号的方式记录。

数字信号以0和1记录数据内容，常用于一些新型的视频设备，如DC、Digits、Beta Cam和DV-Cam等。数字信号可以通过有线和无线的方式传播，传输质量不会随着传输距离的变化而变化，但必须使用特殊的传输设置，在传输过程中不受外部因素的影响。

模拟信号以连续的波形记录数据，用于传统的影音设备，如电视、摄像机、VHS、S-VHS、V8、Hi8摄像机等。模拟信号也可以通过有线和无线的方式传播，传输质量会随着传输距离的增加而衰减。

1.4.5　隔行扫描与逐行扫描

在早期的电视播放技术中，视频工程师发明了一种制作图像的扫描技术，即对视频显示器内部的荧光屏每次发射一行电子束。为防止扫描到达底部之前顶部的行消失，工程师们将视频帧分成两组扫描行：偶数行和奇数行。每次扫描(称作视频场)都会向前显示(1/60)秒的视频效果。在第一次扫描时，视频屏幕的奇数行从右向左绘制(第1行、第3行、第5行……)。第二次扫描偶数行。因为扫描得太快，所以肉眼看不到闪烁。此过程即称作隔行扫描。因为每个视频场都显示(1/60)秒，所以一个视频帧会每(1/30)秒出现一次，视频的帧速率是30帧/秒。视频录制设备就是以这种方式设计的，即以(1/60)秒的速率创建隔行扫描域。

许多更新的摄像机能一次渲染整个视频帧，因此无须隔行扫描。每个视频帧都是逐行绘制的，从第1行到第2行，再到第3行，以此类推。此过程即称作逐行扫描。某些使用逐行扫描技术进行录制的摄像机能以24帧/秒的速度录制，并且能生成比隔行扫描品质更高的图像。Premiere提供了用于逐行扫描设备的预设，在Premiere中编辑逐行扫描视频后，制片人即可将其导出到诸如Adobe Encore DVD之类的程序中，在其中可以创建逐行扫描DVD。

1.4.6　时间码

在视频编辑中，通常用时间码来识别和记录视频数据流中的每一帧，从一段视频的起始帧到终止帧，其间的每一帧都有一个唯一的时间码地址。根据动画和电视工程师协会(Society of Motion Picture and Television Engineers，SMPTE)使用的时间码标准，其格式为"小时:分钟:秒:帧"或"hours:minutes:seconds:frames"。一段长度为00:02:31:15的视频片段的播放时间为2分31秒15帧，如果以30帧/秒的帧速率播放，则播放时间为2分31.5秒。

由于技术的原因，NTSC制式实际使用的帧速率是29.97帧/秒而不是30帧/秒，因此在时间码与实际播放时间之间有0.1%的误差。为了解决这个误差问题，设计了丢帧(drop-frame)格式，即在播放时每分钟要丢两帧(实际上是有两帧不显示而不是从文件中删除)，这样可以保证时间码与实际播放时间一致。与丢帧格式对应的是不丢帧(non-drop-frame)格式，它忽略时间码与实际播放帧之间的误差。

1.5　视频和音频的常见格式

在学习使用Premiere进行视频编辑之前，读者首先需要了解数字视频与音频技术的一些基本知识。下面将介绍常见的视频格式和音频格式。

1.5.1　常见的视频格式

目前对视频压缩编码的方法有很多种，应用的视频格式也就有很多种，其中最有代表性的就是MPEG数字视频格式和AVI数字视频格式。下面介绍几种常用的视频存储格式。

1. AVI(Audio/Video Interleave)格式

这是一种专门为微软公司的Windows环境设计的数字视频文件格式，这种视频格式的好处是兼容性好、调用方便、图像质量好，缺点是占用的空间大。

2. MPEG(Motion Picture Experts Group)格式

该格式包括MPEG-1、MPEG-2、MPEG-4。MPEG-1被广泛应用于VCD的制作和网络上一些供下载的视频片段，使用MPEG-1的压缩算法可以把一部120分钟长的电影压缩到1.2GB左右。MPEG-2则应用在DVD的制作方面，同时在一些HDTV(高清晰电视广播)和一些高要求视频的编辑与处理上也有一定的应用空间；相对于MPEG-1的压缩算法，MPEG-2可以制作出在画质等方面性能远远超过MPEG-1的视频文件，但是容量也不小，为4～8GB。MPEG-4是一种新的压缩算法，可以将用MPEG-1压缩成1.2GB的文件压缩到300MB左右，供网络播放。

3. ASF(Advanced Streaming Format)格式

这是微软公司为了和现在的Real Player竞争而创建的一种可以直接在网上观看视频节

目的流媒体文件压缩格式，即一边下载一边播放，不用存储到本地硬盘上。

4. nAVI(newAVI)格式

这是一种新的视频格式，由ASF的压缩算法修改而来，它拥有比ASF更高的帧速率，但是以牺牲ASF的视频流特性作为代价。也就是说，它是非网络版本的ASF。

5. DIVX格式

该格式的视频编码技术可以说是一种对DVD造成威胁的新生视频压缩格式。由于它使用的是MPEG-4压缩算法，因此可以在对文件尺寸进行高度压缩的同时，保留非常清晰的图像质量。

6. QuickTime格式

QuickTime(MOV)格式是苹果公司创建的一种视频格式，在图像质量和文件尺寸的处理上具有很好的平衡性。

7. Real Video(RA、RAM)格式

该格式主要定位于视频流应用方面，是视频流技术的创始者。该格式的文件可以在56kb/s调制解调器的拨号上网条件下实现不间断的视频播放，因此必须通过损耗图像质量的方式来控制文件的大小，图像质量通常较差。

1.5.2 常见的音频格式

音频是指一个用来表示声音强弱的数据序列，由模拟声音经采样、量化和编码后得到。不同的数字音频设备一般对应不同的音频格式文件。音频的常见格式有WAV、MP3、Real Audio、MP4、MIDI、WMA、VQF、AAC等。下面介绍几种常见的音频格式。

1. WAV格式

WAV格式是微软公司开发的一种声音文件格式，也称为波形声音文件，是最早的数字音频格式，Windows平台及其应用程序都支持这种格式。这种格式支持MSADPCM、CCITTA-LAW等多种压缩算法，并支持多种音频位数、采样频率和声道。标准的WAV格式和CD格式一样，也是44.1kHz的采样频率，速率为88kb/s，16位量化位数，因此WAV格式的音质和CD格式的音质差不多，也是目前广为流行的声音文件格式。

2. MP3格式

MP3的全称为"MPEG Audio Layer-3"。Layer-3是Layer-1、Layer-2以后的升级版产品。与其前身相比，Layer-3具有最好的压缩率，其应用最为广泛。

3. Real Audio格式

Real Audio是由Real Networks公司推出的一种文件格式，其最大的特点就是可以实时传输音频信息，现在主要用于网上在线音乐欣赏。

4. MP3 Pro格式

MP3 Pro由瑞典的Coding科技公司开发，其中包含两大技术：一是来自Coding科技公司所特有的解码技术；二是由MP3的专利持有者——法国汤姆森多媒体公司和德国Fraunhofer集成电路协会共同研发的一项译码技术。

5. MP4格式

MP4是采用美国电话电报公司(AT&T)所开发的以"知觉编码"为关键技术的音乐压缩技术，由美国网络技术公司(GMO)及RIAA联合发布的一种新的音乐格式。MP4在文件中采用了保护版权的编码技术，只有特定用户可以播放，这有效地保护了音乐版权。另外，MP4的压缩比达到1∶15，体积比MP3更小，音质却没有下降。

6. MIDI格式

MIDI(Musical Instrument Digital Interface)又称乐器数字接口，是数字音乐电子合成乐器的国际统一标准。它定义了计算机音乐程序、数字合成器及其他电子设备之间交换音乐信号的方式，规定了不同厂家的电子乐器与计算机连接的电缆、硬件及设备的数据传输协议，可以模拟多种乐器的声音。

7. WMA格式

WMA(Windows Media Audio)是由微软公司开发的用于Internet音频领域的一种音频格式。WMA音质要强于MP3格式，更远胜于RA格式。WMA的压缩比一般可以达到1∶18，WMA格式还支持音频流技术，适合网上在线播放。

8. VQF格式

VQF格式是由YAMAHA和NTT共同开发的一种音频压缩技术，它的核心是通过减少数据流量但保持音质的方法来达到更高的压缩比，压缩比可达1∶18。因此相同情况下，压缩后的VQF文件的体积比MP3的要小30%~50%，更利于网上传播。同时，其音质极佳，接近CD音质(16位44.1kHz立体声)。

1.6 常用的编码解码器

在生成预演文件及最终节目影片时，需要选择一种合适的针对视频和音频的编码解码器程序。当在计算机显示器上预演或播放的时候，一般使用软件压缩方式；而当在电视机上预演或播放时，则需要使用硬件压缩方式。

在正确安装各种常用的音视频解码器后，在Premiere中才能导入相应的素材文件，以及将项目文件输出为相应的影片格式。

1.6.1 常用的视频编码解码器

在影片制作中，常用的视频编码解码器包括如下几种。

○ Indeo Video 5.10：一种常用于在Internet上发布视频文件的压缩方式。这种编码解码器的优点在于能够快速压缩所指定的视频，而且该编码解码器还采用了逐步下载方式，以适应不同的网络速度。

○ Microsoft RLE：用于压缩包含大量平缓变化颜色区域的帧。它使用空间的89位全长编码(RLE)压缩器，在质量参数被设置为100%时，几乎没有质量损失。

○ Microsoft Video1：一种有损的空间压缩的编码解码器，支持深度为8位或16位的图像，主要用于压缩模拟视频。

○ Intel Indeo(R) Video R3.2：用于压缩从CD-ROM导入的24位视频。同Microsoft Video1编码解码器相比，其优点在于包含较高的压缩比、较好的图像质量及较快的播入速度。对于未使用有损压缩的源数据，应用Indeo Video编码解码器可获得最佳的效果。

○ Cinepak Codec by Radius：用于从CD-ROM导入或从网络下载的24位视频文件。同Microsoft Video1编码解码器相比，它具有较高的压缩比和较快的播入速度，并可设置播入数据率，但当数据的播入速度低于30kb/s时，图像质量明显下降。它是一种高度不对称的编码解码器，即解压缩要比压缩快得多。最好在输出最终版本的节目文件时使用这种编码解码器。

○ DiveX:MPEG-4Fast-Motion和DiveX:MPEG-4Low-Motion：当系统安装MPEG-4的视频插件后，就会出现这两种视频编码解码器，用来输出MPEG-4格式的视频文件。MPEG-4格式的图形质量接近于DVD，声音质量接近于CD，而且具有相当高的压缩比，因此是一种非常出色的视频编码解码器。MPEG-4主要应用于视频电话(Video Phone)、视频电子邮件(Video E-mail)和电子新闻(Electronic News)等，其传输速率要求在4800~6400b/s，分辨率为176×144像素。MPEG-4利用窄的带宽，通过帧重建技术压缩和传输数据，以最小的数据获取最佳的图像质量。

○ Intel Indeo(TM) Video Raw：使用该视频编码解码器能捕获图像质量极高的视频，其缺点是要占用大量的磁盘空间。

1.6.2　常用的音频编码解码器

在影片制作中，常用的音频编码解码器包括如下几种。

○ Dsp Group True Speech (TM)：该音频编码解码器适用于压缩以低数据率在Internet上传播的语音。

○ GSM 6.10：该音频编码解码器适用于压缩语音，在欧洲用于电话通信。

○ Microsoft ADPCM：ADPCM是数字CD的格式，是一种用于将声音和模拟信号转换为二进制信息的技术，它通过一定的时间采样来取得相应的二进制数，是能存储CD质量音频的常用数字化音频格式。

○ IMA：由Interactive Multimedia Association (IMA)开发的、关于ADPCM的一种实现方案，适用于压缩交叉平台上使用的多媒体声音。

○ CCITTU和CCITT：该音频编码解码器适用于语音压缩，用于国际电话与电报通信。

1.6.3 QuickTime视频编码解码器

如果用户安装了QuickTime视频编码解码器，则可以在Premiere中使用相应的视频格式。QuickTime的视频编码解码器包括以下内容。

1. Component Video

该视频编码解码器适用于采集、存档或临时保存视频。它采用相对较低的压缩比，要求的磁盘空间较大。

2. Graphics

该视频编码解码器主要用于8位静止图像。这种编码解码器没有高压缩比，适合从硬盘播放，而不适合从CD-ROM播放。

3. Video

该视频编码解码器适用于采集和压缩模拟视频。使用这种编码解码器从硬盘播放时，可获得高质量的播放效果；从CD-ROM播放时，也可获得中等质量的播放效果。它支持空间压缩和时间压缩、重新压缩或生成，可获得较高的压缩比，而不会有质量损失。

4. Animation

该视频编码解码器适用于有大面积单色的诸如卡通动画之类的片段，可以根据实际需要设置不同的压缩质量。它使用苹果公司基于运动长度编码的压缩算法，同时支持空间压缩和时间压缩。当设置为无损压缩时，可用于存储字幕序列和其他运动的图像。

5. Motion JPEG A和Motion JPEG B

该视频编码解码器适用于将视频采集文件传送给配置有视频采集卡的计算机。此编码解码器是JPEG的一个版本。一些视频采集卡包含加速芯片，能加快编辑操作的速度。

6. Photo-JPEG

该视频编码解码器适用于包含渐变色彩变化的静止图像或者不包含高比例边缘或细节变化剧烈的静止图像。虽然它是一种有损压缩，但在高质量设置下，几乎是没有什么影响的。另外，它是一种对称压缩，其压缩与解压缩的时间几乎相同。

7. H.263和H.261

该视频编码解码器适用于较低数据率下的视频会议，一般不用于通常的视频。

8. DV-PAL和DV-NTSC

它们是PAL和NTSC数字视频设备采用的数字视频格式。这类视频编码解码器允许从连接的DV格式的摄录像机直接将数字片段输入Premiere中。它们还适合作为译码器，在交叉平台和配置有数字视频采集卡的计算机间传送数字视频。

9. Sorenson Video和Sorenson Video 3

该视频编码解码器在数据率低于200kb/s时可以获得高质量图像，而且压缩后的文件较小，其不足之处是压缩的时间较长。它适合于最终输出而非编辑的状态，还支持在速度较慢的计算机上输出可在速度较快的计算机上平滑播放的影片。

10. Planar RGB

这是一种有损视频编码解码器，对于压缩诸如动画之类包含大面积纯色的图像有效。

11. Intel Indeo 4.4

该视频编码解码器适用于在Internet上发布的视频文件。它具有较高的压缩比、较好的图像质量和较快的播放速度。

1.6.4 QuickTime音频编码解码器

如果用户安装了QuickTime音频编码解码器，则可以在Premiere中使用相应的音频格式，QuickTime的音频编码解码器包括以下内容。

1. MLsw 2：1

这种音频编码解码器适用于交换的音频，如许多UNIX工作站上使用的音频。

2. 16-bit Big Endian和16-bit Little Endian

这种音频编码解码器适用于使用Big Endian或Little Endian编码存储的情形。这些编码解码器对于软硬件工程师而言是十分有用的，但通常不能用于视频编辑。

3. 24-bit Integer和32-bit Integer

这种音频编码解码器适用于声音数据必须使用24位或32位整数编码存储的情形。

4. 32-bit Floating Point和64-bit Floating Point

这种音频编码解码器适用于必须使用32位或64位浮点数据编码存储的情形。

5. Alaw 2：1

这种音频编码解码器主要用于欧洲数字电话技术。

6. IMA 4：1

这种音频编码解码器适用于交叉平台的多媒体声音，它是由IMA利用ADPCM技术开发出来的。

7. Qualcomm Pure Voice 2

这种音频编码解码器在音频采样频率为8kHz时工作得最好，它是基于蜂窝电话的CDMA技术标准。

8. MACE 3：1和MACE 6：1

这是一种适用于普通用途的声音编码解码器，内置于macOS Sound Manager中。

1.6.5 DV Playback视频编码解码器

DV Playback视频编码解码器是Premiere自带的编码解码器，在视频压缩方式中有如下视频编码解码器可以供用户选择。

○ DV(NTSC)：适用于北美、日本等国家和地区电视制式的解码器，帧频为29.97帧/秒，画面尺寸为4：3。

○ DV(24p advanced)：帧频为24帧/秒的NTSC制式。

○ DV(PAL)：适用于中国、欧洲等国家和地区电视制式的解码器，帧频为25帧/秒，画面尺寸为9：8。

❖ **注意：**

如果在影片制作过程中缺少某种解码器，则不能使用该类型的素材。用户可以从相应的网站下载并安装这些解码器。

1.7 影视制作前的准备

要制作出一部完整的影片，必须先具备创作构思和准备素材这两个要素。创作构思是一部影片的灵魂，素材则是组成它的各个部分。

1.7.1 策划剧本

剧本的策划重点在于创作的构思，这是一部影片的灵魂所在。当脑海中有了一个绝妙的构思后，应该马上用笔将它描述出来，这就是通常所说的影片的剧本。

剧本的策划是制作一部优秀视频作品的首要工作。在编写剧本时，首先要拟定一个比较详细的提纲，然后根据这个提纲尽量做好细节描述，作为在Premiere中进行素材编辑的参考指导。剧本策划的形式有很多种，如绘画式、小说式等。

1.7.2 素材采集

Premiere项目中视频素材的质量通常决定着作品的效果，决定素材源质量的主要因素之一是如何采集视频，Premiere提供了非常高效可靠的采集选项。

1. 素材采集基础

在开始为作品采集视频之前，首先应认识到，最终采集影片的品质取决于数字化设备的复杂程度和采集素材所使用的硬盘驱动速度。Premiere既能使用低端硬件又能使用高端硬件采集音频和视频。采集硬件，无论是低端还是高端，通常都分为如下3类。

1) IEEE 1394/FireWire板卡

苹果公司创建的IEEE 1394板卡主要用于将数字化的视频从视频设备中快速传输到计算机中。在苹果计算机中，IEEE 1394板卡又称作FireWire板卡。少数计算机制造商，包括索尼和戴尔，出售的计算机中预装有IEEE(索尼称IEEE 1394板卡为i.Link端口)。如果购买IEEE 1394板卡，则硬件必须是OHCI(Open Host Controller Interface，开放式主机控制器接口)。OHCI是一个标准接口，它允许Windows识别板卡并使之工作。如果Windows能够识别此板卡，那么多数DV软件都可以毫无问题地使用此板卡。

如果计算机有IEEE 1394端口，就可以将数字化的数据从DV摄像机直接传送到计算机中。DV和HDV摄像机实际上在拍摄时就数字化并压缩了信号。因此，IEEE 1394端口是已数字化的数据和Premiere之间的一条渠道。如果设备与Premiere兼容，就可以使用Premiere的采集窗口启动、停止和预览采集过程。如果计算机上安装有IEEE 1394板卡，就可以在Premiere中启动和停止摄像机或录音机，这称作设备控制。使用设备控制，就可以在Premiere中控制一切动作，如可以为视频源材料指定磁带位置、录制时间码并建立批量会话，使用批量会话可以在一个会话中自动录制录像带的不同部分。

2) 模拟-数字采集卡

此板卡可以采集模拟视频信号并对它进行数字化。某些计算机制造商出售的机型中直接将这些板卡嵌入计算机中。在计算机中，多数模拟-数字采集卡允许进行设备控制，这便可以启动和停止摄像机或录音机，以及定位到想要录制的录像带位置。如果正在使用模拟-数字采集卡，则必须意识到，并非所有的板卡都是使用相同的标准设计的，某些板卡可能与Premiere不兼容。

3) 带有SDI输入的HD或SD采集卡

如果正在采集HD影片，则需要在系统中安装一张与Premiere兼容的HD采集卡。此板卡必须有一个串行设备接口(Serial Device Interface，SDI)，Premiere本身支持AJA的HD SDI板卡。

2. 连接采集设备

在开始采集视频或音频的过程之前，应确保已经阅读了所有随同硬件提供的相关文档，之后再连接采集设备。许多板卡包含插件，以便直接采集到Premiere中。

1) IEEE 1394/FireWire的连接

要将DV或HDV摄像机连接到计算机的IEEE 1394端口非常简单，只需将IEEE 1394线缆插进摄像机的DV入/出插孔，然后将另一端插进计算机的IEEE 1394插孔。

2) 模拟-数字采集卡

多数模拟-数字采集卡使用复式视频或S视频系统，某些板卡既提供了复式视频，也提供了S视频。连接复式视频系统通常需要使用3个RCA插孔的线缆，将摄像机或录音机的视频和声音输出插孔连接到计算机采集卡的视频和声音输入插孔。S视频连接提供了从摄像机到采集卡的视频输出，一般来说，这意味着只需简单地将一根线缆从摄像机或录音机的S视频输入插孔即可。

3) 串行设备控制

使用Premiere可以通过计算机的串行通信(COM)端口控制专业的录像带录制设备。计算机的串行通信端口通常用于连接外置调制解调器、绘图仪和串行打印机。串行控制允许通过计算机的串行端口传输与发送时间码信息。使用串行设备控制，可以采集、重放和录制视频。因为串行控制只导出时间码和传输信号，所以需要一张硬件采集卡将视频和音频信号发送到磁带。

3. 实地拍摄素材

实地拍摄是取得素材的常用方法。在进行实地拍摄之前，应做好如下准备。

(1) 检查电池电量。

(2) 检查DV带是否备足。

(3) 如果需要长时间拍摄，应准备好三脚架。

(4) 首先计划拍摄的主题，实地考察现场的大小、灯光情况、主场景的位置，然后选定自己拍摄的位置，以便确定要拍摄的内容。

在做好拍摄准备后，即可实地拍摄录像，进行实地拍摄的基本步骤如下。

(1) 按住DV摄像机上的Power键，两秒钟后启动摄像机。

(2) 将DV机调到Video(录像)模式下，再通过调节各个选项来调整录像片段的显示质量、图像大小、分辨率及白平衡等参数。

(3) 利用LCD显示屏选取拍摄物体。

(4) 按下快门键开始拍摄，LCD显示屏上将出现所拍摄的录像片段。

(5) 再次按下快门键停止拍摄，停止拍摄后，录像片段将自动存储在DV带中。

4. 捕获数字视频

拍摄完毕后，可以在DV机中回放所拍摄的片段，也可以通过DV机的S端子或AV输出与电视机连接，在电视机上欣赏。如果要对所拍的片段进行编辑，就必须将DV带里所存储的视频素材传输到计算机中，这个过程称为视频素材的采集。将DV与IEEE 1394接口连接好后，即可开始采集文件。

1.8 本章小结

本章主要介绍了视频编辑的基础知识。读者需要了解视频基本概念、数字视频基础、视频和音频的常见格式、常用的编码解码器、影视制作前的准备等知识。通过本章的学习，可以为以后的视频编辑学习打下良好的基础。

1.9 思考与练习

1. _____是指在定片显示器上进行编辑的一种传统方式。

2. _____是视频或动画中的单幅图像。

3. _____的大小决定了视频播放的平滑程度。

4. 到目前为止，影视编辑发展共经历了哪几个阶段？

5. 在视频编辑中，帧和帧速率分别指什么？

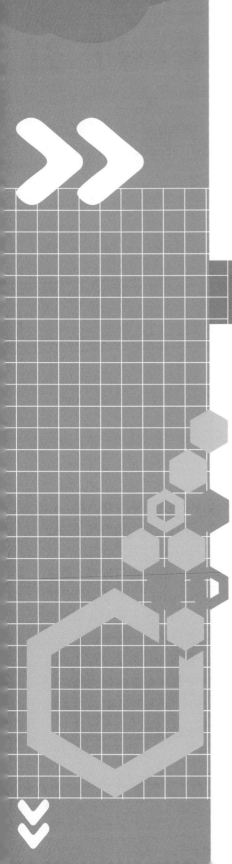

第2章

Premiere 基本知识

　　Premiere是一款专业的数字视频编辑工具，也是目前非常流行的非线性编辑软件，拥有强大的视频编辑能力和灵活性，是视频爱好者使用最多的视频编辑软件之一。

　　本章将介绍Premiere Pro 2024的基本知识，包括Premiere的工作方式、Premiere Pro 2024的工作界面和基本操作，以及Premiere视频编辑的基本流程等内容。

2.1 Premiere快速入门

在学习使用Premiere进行视频编辑之前，首先需要了解一些有关它的基础知识。

2.1.1 Premiere的功能

Premiere拥有创建动态视频作品所需的所有工具，无论是为Web创建一段简单的视频剪辑，还是创建复杂的纪录片、摇滚视频、艺术活动或婚礼视频，Premiere都是最佳的视频编辑工具。

下面列出了一些使用Premiere可以完成的制作任务。

○ 将数字视频素材编辑为完整的数字视频作品。

○ 从摄像机或录像机采集视频。

○ 从麦克风或音频播放设备采集音频。

○ 加载数字图形、视频和音频素材库。

○ 为素材添加视频过渡和视频特效。

○ 创建字幕和动画字幕特效，如滚动或旋转字幕。

2.1.2 Premiere的工作方式

要理解Premiere的视频制作过程，就需要对传统的录像带产品，即影片(非数字化的产品)的创建步骤有一个基本的了解。

在传统或线性视频产品中，所有作品元素都被传送到录像带中。在编辑过程中，最终作品需要电子编辑到最终或节目录像带中。即使在编辑过程中使用了计算机，录像带的线性或模拟本质也会使整个过程非常耗时。在实际编辑期间，录像带必须在磁带机中加载和卸载，时间都浪费在了等待录像机到达正确的编辑点上。作品通常也是按顺序组合的，如果想返回到以前的场景，并使用更短或更长的一段场景替换它，那么后续的所有场景都必须重新录制到节目卷轴上。

非线性编辑程序(通常缩写为NLE，如Premiere)完全颠覆了整个视频编辑过程。数字视频和Premiere消除了传统编辑过程中耗时的制作过程。使用Premiere时，不必到处寻找磁带或者将它们放入磁带机和从中移走它们。制作人使用Premiere时，所有的作品元素都被数字化到磁盘中。Premiere的"项目"面板中的图标代表了作品中的各个元素，无论是一段视频素材、声音素材，还是一幅静帧图像，都被当作元素。面板中代表最终作品的图标称为时间轴。时间轴的焦点是视频和音频轨道，它们是横过屏幕从左延伸到右的平行条。当需要使用视频素材、声音素材或静帧图像时，只需在"项目"面板中将其选中并拖动到时间轴中的一个轨道上即可。可以依次将作品中的项目放置或拖动到不同的轨道上。在工作时，可以通过单击时间轴的期望部分访问自己作品的任意部分。也可以单击或拖动一段素材的起始或末尾，以缩短或延长其持续时间。

要调整编辑内容，可以在Premiere的素材源监视器和节目监视器中逐帧查看和编辑素材，也可以在素材源监视器面板中设置出点和入点。设置入点是指定素材开始播放的位置，设置出点是指定素材停止播放的位置。因为所有素材都已经数字化(而且没有使用录像带)，所以Premiere能够快速调整所编辑的最终作品。

在工作时，可以很容易地预览编辑、特效和切换效果。改变编辑和特效通常只需简单地改变入点和出点，而不必到处寻找正确的录像带或等待作品重新装载到磁带中。完成所有的编辑之后，可以将文件导出到录像带，或者以其他某种格式创建一份新的数字文件。可以任意次数地导出文件，以不同的画幅大小和帧速率导出为不同的文件格式。此外，如果想给Premiere项目添加更多特效，可以轻松地将它们导入Adobe After Effects，也可以将Premiere影片整合到网页中，或将之导入Adobe Media Encoder以创建一份DVD作品。

2.1.3 安装与卸载Premiere

本节将介绍Premiere的安装与卸载方法，该软件的安装和卸载操作与其他软件基本相同。

1. 安装Premiere Pro 2024的系统要求

随着软件版本的不断更新，Premiere的视频编辑功能也越来越强大，同时文件的安装大小也与日俱增。为了能够让用户完美地体验所有功能的应用，安装Premiere Pro 2024时对计算机的硬件配置就提出了一定要求。安装Premiere Pro 2024对操作系统和硬件的要求，如表2-1所示。

表2-1 Premiere Pro 2024对操作系统和硬件的要求

操作系统与硬件	要求
操作系统	Microsoft Windows 10(64位)版本或更高版本
处理器	英特尔第7代或更高版本的CPU，或相当的AMD
内存	8GB RAM(建议使用16GB RAM或更高)
显示器分辨率	1920×1080像素或更高
磁盘空间	安装需要8GB
声卡	兼容ASIO或Microsoft Windows驱动程序模型

2. 安装Premiere Pro 2024

Premiere Pro 2024的安装十分简单，如果计算机中已经有其他版本的Premiere软件，则不必卸载其他版本的软件，只需将运行的相关软件关闭即可。打开Premiere Pro 2024安装文件，双击Setup.exe安装文件图标，然后根据向导提示即可进行安装。

3. 卸载Premiere

如果要将计算机中的Premiere删除，可以通过Windows的设置面板将其卸载。下面以卸载旧版本的Premiere为例，讲解卸载Premiere的操作方法。

【练习2-1】卸载Premiere。

01 单击计算机屏幕左下方的"开始"菜单按钮，在弹出的菜单中单击"设置"命令，如图2-1所示。

02 在弹出的窗口中单击"应用"链接，如图2-2所示。

图 2-1　单击"设置"命令　　　　　　　　　图 2-2　单击"应用"链接

03 在新出现的窗口的右侧单击选择"应用和功能"选项，如图2-3所示。

04 在应用程序列表中找到要卸载的Premiere应用程序，然后单击该程序选项右方的"更多"按钮 ⋮，在弹出的菜单中选择"卸载"命令，即可将指定的Premiere程序卸载，如图2-4所示。

图 2-3　选择"应用和功能"选项　　　　　　　图 2-4　选择"卸载"命令

2.2　Premiere Pro 2024的工作界面

为了方便使用Premiere Pro 2024进行视频编辑，首先需要熟悉Premiere Pro 2024的工作界面，并掌握该工作界面的调整方法。

2.2.1　启动Premiere Pro 2024

同启动其他应用程序一样，安装好Premiere Pro 2024后，可以通过以下两种方法进行启动。

○ 双击桌面上的**Premiere Pro 2024**快捷图标 **Pr** ，启动**Premiere Pro 2024**。

○ 单击计算机屏幕左下角的"开始"菜单按钮 **⊞** ，然后找到**Adobe Premiere Pro 2024**命令并单击它，启动**Premiere Pro 2024**。

执行上述操作后，可以进入程序的启动画面，如图2-5所示。随后将出现主页界面，通过该界面，可以打开最近编辑的几个影片项目文件，以及执行新建项目和打开项目的操作，如图2-6所示。最近编辑的项目文件将显示在"最近使用项"一栏中，用户只需单击所要打开项目的文件名，即可快速地打开该项目文件。

○ 新建项目：单击此按钮，可以创建一个新的项目文件并进行视频编辑。

○ 打开项目：单击此按钮，可以打开一个在计算机中已有的项目文件。

图 2-5　启动画面

图 2-6　主页界面

2.2.2　认识Premiere Pro 2024的工作界面

启动Premiere Pro 2024应用程序，然后选择"文件"|"新建"|"项目"命令，新建一个项目，在工作界面中会自动出现几个面板。Premiere Pro 2024的工作界面主要由菜单栏和各个功能面板组成，如图2-7所示。

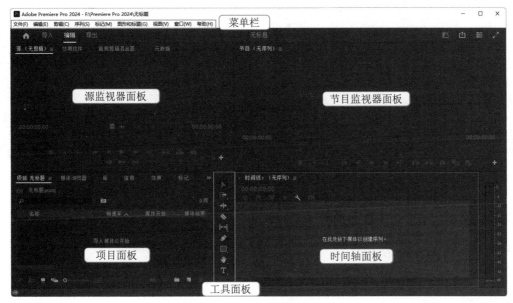

图 2-7　Premiere Pro 2024 的工作界面

❖ 注意：

Premiere视频制作涵盖了多方面的任务，要完成一部作品，可能需要采集视频、编辑视频，以及创建字幕、添加切换效果和特效等，Premiere窗口可以帮助用户对这些任务进行分类和组织。

1. 菜单栏

Premiere Pro 2024的菜单栏包含视频编辑中各个功能命令。按照功能进行划分，菜单栏共包括"文件""编辑""剪辑""序列""标记""图形和标题""视图""窗口""帮助"等菜单。

2. 功能面板

Premiere Pro 2024的功能面板是使用Premiere进行视频编辑的重要工具，主要包括"项目""时间轴""监视器"等功能面板，下面介绍其中几种常用面板的主要功能。

1)"项目"面板

如果所工作的项目中包含许多视频、音频素材和其他作品元素，那么应该重视Premiere的"项目"面板。在"项目"面板中开启"预览区域"后，可以单击"播放-停止切换"按钮▶来预览素材，如图2-8所示。

2)"时间轴"面板

"时间轴"面板并非仅用于查看，它也是可交互的。使用鼠标把视频和音频素材、图形和字幕从"项目"面板拖到时间轴中，即可创作自己的作品。"时间轴"面板是视频作品的基础，创建序列后，在"时间轴"面板中可以组合项目的视频与音频序列、特效、字幕和切换效果，如图2-9所示。

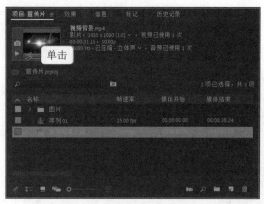

图 2-8　预览素材

图 2-9　"时间轴"面板

3)"监视器"面板

"监视器"面板主要用于在创建作品时对它进行预览。Premiere Pro 2024提供了3种不同的监视器面板："源监视器""节目监视器""参考监视器"面板。

○ 源监视器："源监视器"面板用于显示还未放入时间轴的视频序列中的源影片，如图2-10所示。可以使用"源监视器"面板设置素材的入点和出点，然后将它们插入或覆盖到自己的作品中。"源监视器"面板也可以显示音频素材的音频波形，如图2-11所示。

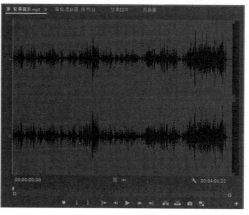

图2-10　"源监视器"面板

图2-11　显示音频波形

○ 节目监视器："节目监视器"面板用于显示在时间轴的视频序列中组装的素材、图形、特效和切换效果，如图2-12所示。要在"节目监视器"面板中播放序列，只需单击窗口中的"播放-停止切换"按钮▶或按空格键即可。如果在Premiere中创建了多个序列，可以在"节目监视器"面板的序列下拉列表中选择其他序列作为当前的节目内容，如图2-13所示。

图2-12　"节目监视器"面板

图2-13　选择其他序列

○ 参考监视器：在许多情况下，"参考监视器"面板是另一个节目监视器。许多Premiere编辑操作使用它来调整颜色和音调，因为在"参考监视器"面板中查看视频示波器(可以显示色调和饱和度级别)的同时，可以在该面板中查看实际的影片，如图2-14所示。

4) "音轨混合器"面板

使用"音轨混合器"面板可以混合不同的音频轨道、创建音频特效和录制叙述材料，如图2-15所示。使用"音轨混合器"面板可以查看混合音频轨道并应用音频特效。

图2-14　"参考监视器"面板

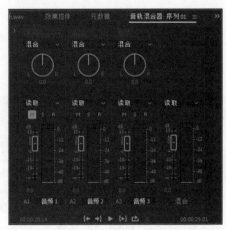

图2-15　"音轨混合器"面板

5)"效果"面板

使用"效果"面板可以快速应用多种音频效果、视频效果和视频过渡。例如，在"视频过渡"文件夹中包含内滑、划像、擦除、溶解等过渡类型，如图2-16所示。

6)"效果控件"面板

使用"效果控件"面板可以快速创建音频效果、视频效果和视频过渡。例如，在"效果"面板中选定一种效果，然后将它直接拖到"效果控件"面板中，就可以为素材添加这种效果。图2-17所示的"效果控件"面板包含其特有的时间轴和一个缩放时间轴的滑块控件。

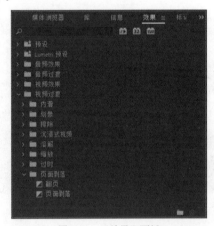

图2-16　"效果"面板

图2-17　"效果控件"面板

7)"工具"面板

"工具"面板中的工具主要用于在"时间轴"面板中编辑素材，如图2-18所示。在"工具"面板中单击某个工具即可激活它。

8)"信息"面板

"信息"面板提供了关于素材和切换效果，乃至时间轴中空白间隙的重要信息。选择一段素材、切换效果或时间轴中的空白间隙后，可以在"信息"面板中查看素材或空白间隙的大小、持续时间，以及起点和终点，如图2-19所示。

图 2-18 "工具"面板

图 2-19 "信息"面板

9)"历史记录"面板

使用Premiere的"历史记录"面板,可以无限制地执行撤销操作。进行编辑工作时,"历史记录"面板会记录作品的制作步骤。要返回到项目的以前状态,只需单击"历史记录"面板中的历史状态即可,如图2-20所示。

单击并重新开始工作之后,历史将会被改写(返回历史状态的所有后续步骤都会从面板中移除,被新步骤取代)。如果想在"历史记录"面板中清除所有历史,可以单击面板右方的下拉菜单按钮,然后选择"清除历史记录"命令,如图2-21所示。要删除某个历史状态,可以在"历史记录"面板中选中它并单击"删除重做操作"按钮 🗑 。

图 2-20 "历史记录"面板

图 2-21 选择"清除历史记录"命令

❖ 注意:

如果在"历史记录"面板中通过单击某个历史状态来撤销一个动作,然后继续工作,那么所单击状态之后的所有步骤都会从项目中移除。

2.2.3 Premiere Pro 2024的界面操作

Premiere Pro 2024的所有面板都可以任意编组或停靠。停靠面板时,它们会连接在一起,因此调整一个面板的大小时,会改变其他面板的大小。图2-22和图2-23显示的是调整"节目监视器"面板大小前后的对比效果,在扩大"节目监视器"面板时,会使"源监视器"面板变小。

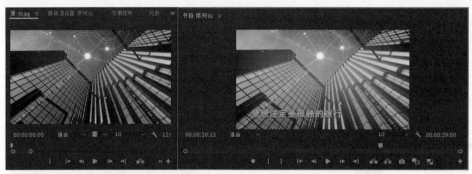

图 2-22　调整面板大小前

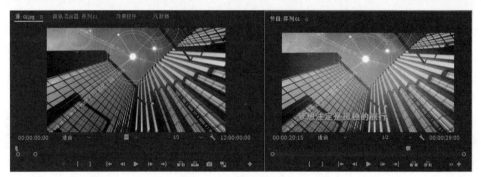

图 2-23　调整面板大小后

1. 调整面板的大小

要调整面板的大小，可以使用鼠标拖动面板之间的分隔线，即左右拖动面板间的纵向边界，或上下拖动面板间的横向边界，从而改变面板的大小。

【练习2-2】调整各个面板的大小。

01 启动Premiere Pro 2024应用程序，选择"文件"|"打开项目"命令，如图2-24所示，打开"打开项目"对话框，在该对话框中选择素材文件的路径，如图2-25所示。

图 2-24　选择命令

图 2-25　"打开项目"对话框

02 在"打开项目"对话框中选择"01.prproj"素材文件，然后单击"打开"按钮，将其打开，效果如图2-26所示。

03 将光标移到"工具"面板和"时间轴"面板之间，然后向右拖动面板间的边界，改变"工具"面板和"时间轴"面板的大小，如图2-27所示。

图 2-26　打开素材文件

图 2-27　左右调整面板边界

04 将光标移到"源监视器"面板和"项目"面板之间，然后向下拖动面板间的边界，改变"源监视器"面板和"项目"面板的大小，如图2-28所示。

图 2-28　上下调整面板边界

❖ **注意:**

改变面板的大小和位置后,可以通过选择"窗口"|"工作区"|"重置为保存的布局"命令返回初始设置;如果已经在特定位置按特定大小组织好了窗口,可以选择"窗口"|"工作区"|"另存为新工作区"命令保存此配置。保存工作区后,工作区名称会出现在"窗口"|"工作区"子菜单中,想使用此工作区时,只需单击其名称即可。

2. 面板的编组与停靠

单击选项面板左上角的缩进点并拖动面板,可以在一个组中添加或移除面板。如果想将一个面板停靠到另一个面板上,可以单击并将它拖到目标面板的顶部、底部、左侧或右侧,然后在停靠面板变暗后再考虑释放鼠标。

【练习2-3】改变面板的位置。

01 打开"01.prproj"素材文件,单击并拖动"源监视器"面板到"节目监视器"面板中,可以将"源监视器"面板添加到"节目监视器"面板组中,如图2-29所示。

02 单击并拖动"源监视器"面板到"节目监视器"面板的右方,可以改变"源监视器"面板和"节目监视器"面板的位置,如图2-30所示。

图 2-29　拖动"源监视器"面板　　　　　图 2-30　改变"源监视器"面板的位置

❖ **注意:**

在拖动面板进行编组的过程中,如果对结果满意,则释放鼠标;如果不满意,则按Esc键取消操作。如果想将一个面板从当前编组中移除,可以将其拖到其他地方,从而将其从当前编组中移除。

3. 创建浮动面板

在面板标题处右击鼠标,或者单击面板右方的下拉菜单按钮▤,在弹出的菜单中选择"浮动面板"命令,可以将当前的面板创建为浮动面板。

【练习2-4】将面板创建为浮动面板。

01 打开"01.prproj"素材文件,选中"节目监视器"面板,在该面板的标题处右击鼠标,或者单击该面板右方的下拉菜单按钮▤,弹出的菜单如图2-31所示。

02 在弹出的菜单中选择"浮动面板"命令，即可将"节目监视器"面板创建为浮动面板，如图2-32所示。

图2-31　弹出的菜单

图2-32　浮动面板

4. 打开和关闭面板

Premiere的部分面板会自动在屏幕上打开。如果想关闭某个面板，可以单击其关闭图标█；如果想打开被关闭的面板，可以在"窗口"菜单中选择相应的名称将其打开。

【练习2-5】打开和关闭指定的面板。

01 打开"01.prproj"素材文件，将"效果控件""源监视器""节目监视器"面板编组在一起，然后单击"源监视器"面板中的菜单按钮█，在弹出的菜单中选择"关闭面板"命令，如图2-33所示，即可关闭"源监视器"面板，如图2-34所示。

图2-33　选择"关闭面板"命令

图2-34　关闭"源监视器"面板后

02 单击"窗口"菜单，在菜单中可以看到"源监视器"命令前方没有√标记，表示该面板已被关闭，如图2-35所示。选择要打开的面板，前面会出现√标记，即代表该面板已被打开。

❖ **注意：**

关闭某个面板后，用户可以在"窗口"菜单中选择面板名称对应的命令，将隐藏的面板打开。

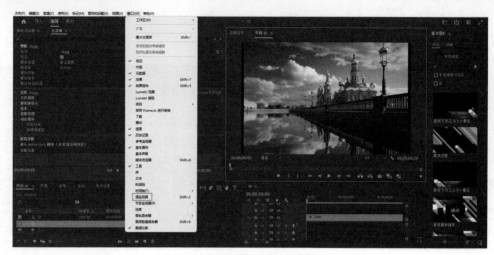

图2-35 查看面板是否处于关闭状态

2.3 Premiere视频编辑的基本流程

本节将介绍运用Premiere进行视频编辑的过程。通过本节的学习，读者可以了解如何一步一步地制作出完整的视频影片。

1. 准备素材

素材是组成视频节目的各个部分，Premiere所做的工作只是将其穿插组合成一个连贯的整体。可以通过DV摄像机将拍摄的视频内容通过数据线直接保存到计算机中，以此作为素材，不过旧式摄像机拍摄出来的影片还需要进行视频采集后才能存入计算机。根据脚本的内容将素材收集齐备后，应先将这些素材保存到计算机中指定的文件夹内，以便进行管理，然后即可开始影视制作和编辑工作。

在Premiere中经常使用的素材如下。

- 通过视频采集卡采集的数字视频AVI文件。
- 由Premiere或其他视频编辑软件生成的AVI和MOV文件。
- WAV格式和MP3格式的音频数据文件。
- 无伴音的FLC或FLI格式文件。
- 各种格式的静态图像，包括BMP、JPG、TIF、PSD和PCX等。
- FLM(Filmstrip)格式的文件。
- 由Premiere制作的字幕文件。

2. 建立项目

Premiere数字视频作品在此称为项目而不是视频产品，其原因在于使用Premiere不仅能创建作品，还可以管理作品资源，以及创建和存储字幕、添加切换效果和特效。因此，工作的文件不仅仅是一份作品，事实上是一个项目。在Premiere中创建一份数字视频作品的第一步是新建一个项目。

3. 导入作品元素

在Premiere项目中可以放置并编辑视频、音频和静帧图像。所有的媒体影片称为素材，在编辑影片时，必须先将素材保存在磁盘上。即使视频存储在数字摄像机上，也需要将其转移到计算机磁盘上。Premiere可以采集数字视频素材并将其自动存储到项目中。模拟媒体(如动画电影和录像带)必须先数字化，之后才能在Premiere中使用。打开Premiere"项目"面板之后，必须先导入各种图形与声音元素，然后才能进行视频作品的编辑。

4. 添加字幕素材

如果计算机中存在需要的文字素材，用户可以直接将其导入"项目"面板中进行使用；如果计算机中不存在需要的文字素材，则可以通过创建字幕的方式新建一个文字素材。在Premiere Pro 2024中，可以通过创建"旧版标题"和"字幕"两种方式制作文字素材。

5. 创建序列

序列是指作品的视频、音频、特效和切换效果等各组成部分的顺序集合。在序列中对素材进行编辑，是视频编辑的重要环节。建立好项目并导入素材后，则需要创建序列，随后即可在序列中组接素材，并对素材进行编辑。

6. 编辑视频素材

将素材拖曳到"时间轴"面板的视频轨道中以后，还需要对素材进行修改编辑，以达到符合视频编辑要求的效果，如控制素材的播放速度、时间长短等。

7. 应用效果

在编辑视频节目的过程中，使用视频过渡效果能使素材间的连接更加和谐、自然。对素材使用视频效果，可以使一个影视片段的视觉效果更加丰富多彩。对素材使用效果后，可以在"效果控件"面板中进行编辑。

8. 添加运动效果

在使用Premiere进行视频编辑的过程中，还可以为静态的图像素材添加运动效果。对素材使用运动效果的操作是在"效果控件"面板中完成的。

9. 编辑音频

将音频素材导入"时间轴"面板中后，如果音频的长度与视频不相符，用户可以通过编辑音频的持续时间来改变音频长度，但是，音频的节奏也将发生相应的变化。如果音频过长，则可以通过剪切多余的音频内容来修改音频的长度。

10. 生成影片

生成影片是将编辑好的项目文件以视频的格式输出，输出的效果通常是动态的且带有音频效果。在输出影片时，应根据实际需要为影片选择一种压缩格式。在输出影片之前，应先做好项目的保存工作，并对影片的效果进行预览。

2.4　本章小结

本章主要介绍了Premiere Pro 2024的基础知识，读者需要了解Premiere的工作流程，认识Premiere Pro 2024的工作界面，掌握Premiere Pro 2024的安装和卸载方法，以及对工作界面的调整操作。

2.5　思考与练习

1. Premiere Pro 2024提供了_____、_____和参考监视器3种不同的监视器面板。

2. 使用"效果"面板可以快速应用多种音频效果、_____和_____。

3. 如何安装Premiere Pro 2024应用程序？

4. 使用Premiere可以执行哪些任务？

5. Premiere 经常使用的素材包括哪些？

6. Premiere视频编辑的基本流程包括哪些？

7. 启动Premiere Pro 2024，打开"01.prproj"素材文件，参照图2-36所示的效果，对Premiere Pro 2024的工作界面进行调整。

图 2-36　调整工作界面

第 3 章

Premiere 程序设置

在Premiere中不仅可以进行界面外观、功能参数等的设置，还可以为命令、工具和面板功能自定义快捷键，从而提高工作效率。本章将学习Premiere首选项的设置，以及键盘快捷方式的创建。

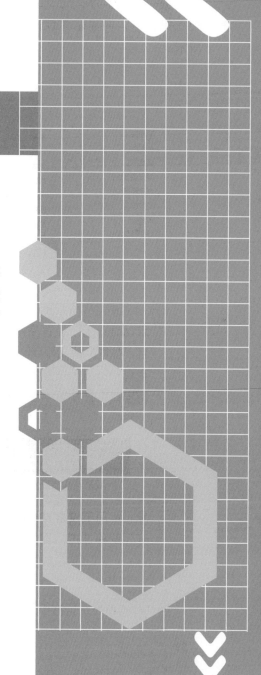

3.1　首选项设置

首选项用于设置Premiere的外观、功能等效果，用户可以根据自己的习惯及项目编辑的需要，对相关的首选项进行设置。

3.1.1　常规设置

选择"编辑"|"首选项"命令，在"首选项"子菜单的命令中可以选择各个选项对象，如图3-1所示。在"首选项"子菜单中选择"常规"命令，可以打开"首选项"对话框，并显示常规选项的内容，在此可以设置一些通用的项目选项，如图3-2所示。

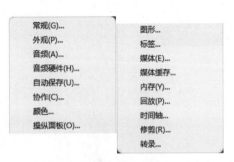

图3-1　"首选项"子菜单命令　　　　　　　　　图3-2　"首选项"对话框

常规设置中主要选项的作用如下。

- 启动时：用于设置启动Premiere后，是显示主页还是直接打开最近使用的文件项目，如图3-3所示。
- 素材箱：用于设置关于素材箱(即文件夹)管理的3组操作所对应的结果，包括"在新窗口中打开""在当前处打开"和"打开新选项卡"，如图3-4所示。

图3-3　设置启动选项　　　　　　　　　图3-4　设置素材箱管理结果

- 项目：用于设置打开新建项目的方式，包括"打开新选项卡"和"在新窗口中打开"两种方式。

3.1.2　外观设置

在"首选项"对话框中选择"外观"标签选项，然后拖动"亮度"选项组的滑块，可以修改Premiere操作界面的亮度，如图3-5所示。

3.1.3　音频设置

在"首选项"对话框中选择"音频"标签选项，可以设置音频的播放方式及轨道等参数，如图3-6所示。用户还可以在"音频硬件"标签选项中进行音频的输入和输出设置。

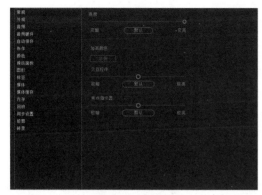

图 3-5　设置界面亮度

图 3-6　设置音频选项

3.1.4　自动保存设置

在"首选项"对话框中选择"自动保存"标签选项，可以设置项目文件自动保存的时间间隔和最大保存项目数，如图3-7所示。

3.1.5　媒体缓存设置

在"首选项"对话框中选择"媒体缓存"标签选项，可以设置媒体的缓存位置和缓存管理相关选项，如图3-8所示。

图 3-7　设置自动保存

图 3-8　媒体缓存设置

3.1.6　内存设置

在"首选项"对话框中选择"内存"标签选项，可以设置分配给Adobe相关软件产品使用的内存，以及优化渲染的方式。

3.2 键盘快捷键设置

使用键盘快捷方式可以提高工作效率。Premiere为激活工具、打开面板及访问大多数菜单命令等提供了键盘快捷方式。这些命令是预置的，但也可以进行修改。

3.2.1 自定义菜单命令快捷键

选择"编辑"|"快捷键"命令，打开"键盘快捷键"对话框，在该对话框中可以修改或创建"应用程序"和"面板"两部分的快捷键，如图3-9所示。

默认状态下，"键盘快捷键"对话框中会显示"应用程序"类型的键盘命令。若要更改或创建其中的键盘设置，则单击下方列表中的三角形按钮，展开包含相应命令的菜单标题，然后对其进行相应的修改或创建操作即可。

图3-9 "键盘快捷键"对话框

【练习3-1】自定义命令快捷键。

01 选择"编辑"|"快捷键"命令，打开"键盘快捷键"对话框，在"命令"下拉列表中选择"应用程序"选项，如图3-10所示。

02 在"命令"列表框中展开需要的命令菜单，例如，单击"序列"菜单命令选项旁边的三角形按钮，可展开其中的命令选项，如图3-11所示。

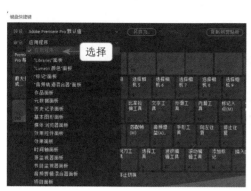

图 3-10 选择"应用程序"选项

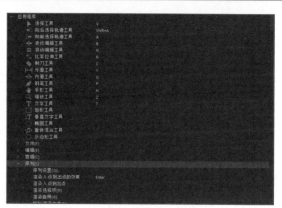

图 3-11 展开命令选项

03 在命令(如"序列设置")对应的快捷键位置单击，"快捷键"列表中将出现一个文本框■■■■，如图3-12所示。

04 按下一个功能键或组合键(如Ctrl+P)，为指定的命令创建键盘快捷键，如图3-13所示，然后单击"确定"按钮，即可为选择的命令创建一个相应的快捷键。

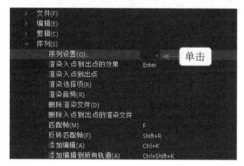

图 3-12 在快捷键位置单击

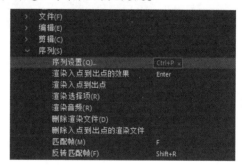

图 3-13 为命令设置快捷键

【练习3-2】修改命令快捷键。

01 选择"编辑"|"快捷键"命令，打开"键盘快捷键"对话框，在下方的"命令"列表框中选择要修改快捷键的菜单命令(例如，单击"编辑"菜单下的"全选"命令)，然后单击命令后面的快捷键文本框，将其激活，如图3-14所示。

02 重新按下一个功能键或组合键(如Ctrl+Shift+Q)，重设该命令的键盘快捷键，此时将增加一个快捷键文本框，如图3-15所示。

图 3-14 激活要修改的命令快捷键

图 3-15 重设命令的键盘快捷键

03 单击该命令原来快捷键文本框右侧的删除按钮▣，将原有的命令快捷键删除，然后单击"确定"按钮即可修改该命令的快捷键，如图3-16所示。

3.2.2　自定义工具快捷键

Premiere为每个工具都提供了键盘快捷键。在"键盘快捷键"对话框的"命令"下拉列表中选择"应用程序"选项，然后在下方的"命令"列表框中可以重新设置各个工具的快捷键，如图3-17所示。

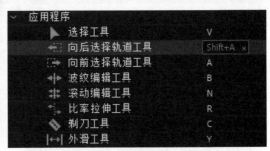

图 3-16　完成修改命令快捷键 　　　　　　　　　图 3-17　自定义工具快捷键

3.2.3　自定义面板快捷键

要创建或修改面板的键盘命令，可以在"键盘快捷键"对话框的"命令"下拉列表中选择对应的面板选项(如"项目面板")，如图3-18所示，即可在下方的"命令"列表框中对该面板中的各个功能进行快捷键设置，如图3-19所示。

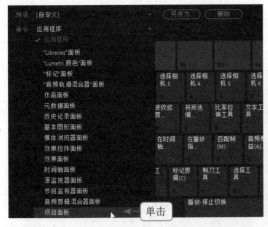

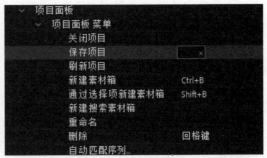

图 3-18　选择面板选项 　　　　　　　　　　图 3-19　自定义面板快捷键

3.2.4　保存自定义快捷键

更改键盘命令后，在"键盘快捷键"对话框的"预设"下拉列表的右侧单击"另存为"按钮,如图3-20所示。然后在弹出的"创建预设"对话框中设置键盘布局预设名称并单击"存储"按钮,如图3-21所示,即可添加并保存自定义设置,从而可以避免改写Premiere的默认设置。

图 3-20 单击"另存为"按钮

图 3-21 保存自定义设置

❖ **注意：**

如果快捷键设置错误或者想删除某个命令快捷键,只需在"键盘快捷键"对话框中选择该快捷键,然后单击对话框右下方的"清除"按钮即可。另外,用户也可以单击"键盘快捷键"对话框中的"还原"按钮,撤销快捷键的设置操作。

3.2.5 载入自定义快捷键

保存自定义快捷键后,在下次启动Premiere时,可以通过"键盘快捷键"对话框载入自定义的快捷键。

在"键盘快捷键"对话框的"预设"下拉列表中选择自定义的快捷键(如"自定义01")选项,如图3-22所示,即可载入自定义快捷键。

3.2.6 删除自定义快捷键

创建自定义快捷键后,也可以在"键盘快捷键"对话框中将其删除。打开"键盘快捷键"对话框,在"预设"下拉列表中选择要删除的自定义快捷键,然后单击"删除"按钮,即可将其删除,如图3-23所示。

图 3-22 载入自定义快捷键

图 3-23 删除自定义快捷键

❖ **注意：**

在"键盘快捷键"对话框的"预设"下拉列表中选择Adobe Premiere Pro CS6、Avid Media Composer 5等其他应用程序,可以载入相应程序的预设快捷键。

3.3 本章小结

本章主要介绍了设置Premiere Pro 2024的界面外观、功能等，以及为命令、工具和面板功能自定义快捷键。读者需要掌握Premiere的常规设置和自定义快捷键的设置方法，包括常规功能、界面外观、音频、自动保存、媒体缓存、内存等常用设置，以及命令、工具和面板功能的快捷键设置等。

3.4 思考与练习

1. 如何设置Premiere Pro 2024操作界面的亮度？

2. 如何设置Premiere Pro 2024的自动保存时间间隔和最大保存项目数？

3. 如何修改或创建Premiere Pro 2024命令、工具和面板功能的键盘快捷键？

4. 启动Premiere Pro 2024，练习设置和修改键盘快捷键。

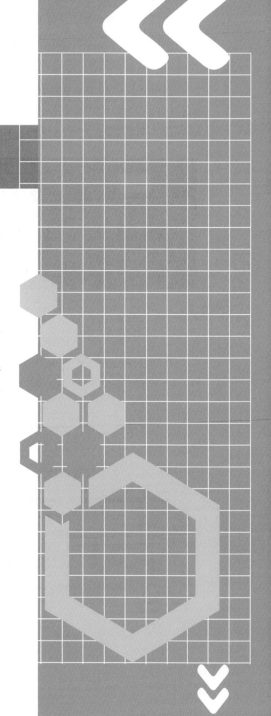

第4章

项目与素材管理

　　使用Premiere进行视频编辑时，首先需要创建项目对象，将需要的素材导入"项目"面板中进行管理，以便在进行视频编辑时调用。

　　本章将介绍Premiere Pro 2024中的项目与素材管理，包括新建项目文件、"项目"面板的应用、创建与编辑Premiere背景元素等。

4.1 新建和设置Premiere项目

在使用Premiere Pro 2024进行影视编辑之前，需要新建一个项目，并根据工作需要对该项目进行设置。

4.1.1 新建项目

新建Premiere项目文件有两种方式：一种是在主页界面中新建项目文件；另一种是在进入工作界面后，使用菜单命令新建项目文件。

1. 在主页界面中新建项目

启动Premiere Pro 2024应用程序后，在打开的主页界面中单击"新建项目"选项，如图4-1所示，进入项目创建面板，输入项目名称并指定创建项目的位置，然后选择要导入的素材，或直接单击"创建"按钮(如图4-2所示)，即可新建一个项目。

图 4-1　单击"新建项目"选项　　　　　　　图 4-2　进入项目创建面板

2. 使用菜单命令新建项目

在进入Premiere Pro 2024工作界面后，如果要新建一个项目文件，可以选择"文件"|"新建"|"项目"命令，进入项目创建面板，创建新的项目文件。

【练习4-1】新建一个项目。

01 启动Premiere Pro 2024应用程序，选择"文件"｜"新建"｜"项目"命令，如图4-3所示。

02 进入项目创建面板后，在"项目名"文本框中输入项目名称，如图4-4所示。

图 4-3　选择菜单命令　　　　　　　　　图 4-4　输入新项目的名称

03 单击"项目位置"下拉列表框，在列表中选择创建项目的位置，或单击"选择位置"按钮，如图4-5所示。

04 单击"选择位置"按钮后，将打开"项目位置"对话框，在该对话框中选择保存项目的位置，如图4-6所示。

图 4-5　单击"选择位置"按钮

图 4-6　选择保存项目的位置

05 返回项目创建面板中，在面板左方选择存放素材的盘符，然后在素材选择窗口中依次展开素材存放的位置，再选择需要导入的素材，如图4-7所示。

06 单击创建项目面板右下角的"创建"按钮，即可创建一个指定的新项目，并导入所选素材，同时创建一个新的序列，如图4-8所示。

图 4-7　选择要导入的素材

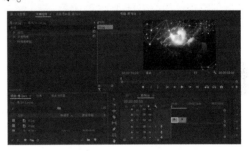

图 4-8　创建新项目

> ❖ **注意：**
>
> 在新建项目时，如果没有导入素材对象，新建的项目中将没有素材和序列对象，用户可以在进入工作界面后，通过选择"文件"|"导入"命令导入所需素材；通过选择"文件"|"新建"|"序列"命令创建新的序列。

4.1.2　项目常规设置

创建好项目后，可以对项目进行设置。选择"文件"|"项目设置"|"常规"命令，在打开的"项目设置"对话框中可以进行项目的常规设置，如图4-9所示。

- ○ 显示格式(视频)：本设置决定了帧在"时间轴"面板中播放时，Premiere所使用的帧数，以及是否使用丢帧或不丢帧时间码。
- ○ 显示格式(音频)：使用音频显示格式可以将音频单位设置为毫秒或音频采样。就像视频中的帧一样，音频采样是用于编辑的最小增量。

4.1.3 项目颜色设置

在"项目设置"对话框中选择"颜色"选项卡，可以对Premiere项目的颜色系统进行设置，如图4-10所示。

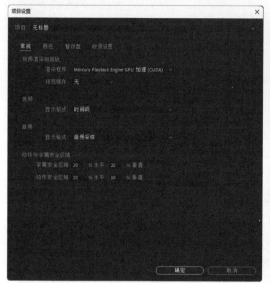

图 4-9 项目常规设置

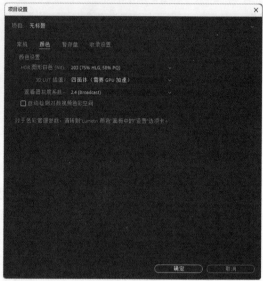

图 4-10 项目颜色设置

4.1.4 项目暂存盘设置

在"项目设置"对话框中选择"暂存盘"选项卡，可以设置视频和音频的采集路径，如图4-11所示。

- ○ 捕捉的视频：存放视频采集文件的地方，默认为"与项目相同"，也就是与Premiere主程序所在的目录相同。单击右侧的"浏览"按钮可以更改路径。
- ○ 捕捉的音频：存放音频采集文件的地方，默认为"与项目相同"，也就是与Premiere主程序所在的目录相同。单击右侧的"浏览"按钮可以更改路径。
- ○ 视频预览：放置预演影片的文件夹。
- ○ 音频预览：放置预演声音的文件夹。
- ○ 项目自动保存：在编辑视频的过程中，项目临时文件的保存位置。
- ○ CC库下载：下载Creative Cloud程序库的临时文件位置。
- ○ 动态图形模板媒体：动态图形模板媒体的临时文件位置。

4.1.5 项目收录设置

在"项目设置"对话框中选择"收录设置"选项卡，可以对Premiere收录选项进行设置，如图4-12所示。

图 4-11　显示视频格式

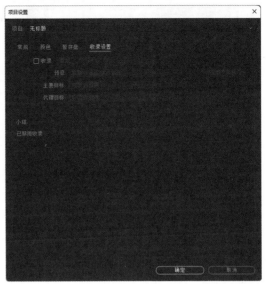

图 4-12　项目收录设置

❖ **注意：**

要进行项目收录设置，首先需要下载并安装Adobe Media Encoder程序。

4.2　导入素材

　　Premiere Pro 2024是通过组合素材的方法来编辑影视作品的，因此，在进行视频编辑的过程中，通常会用到很多素材文件。在进行影视编辑之前，需要将这些素材导入"项目"面板中。

　　前面介绍了在新建项目时导入素材的操作，用户也可以在创建好项目后，通过菜单命令或在"项目"面板中的空白处双击鼠标打开"导入"对话框，进行素材的导入操作。

4.2.1　导入一般类型的素材

　　这里所讲的一般类型的素材是指适用于Premiere Pro 2024常用文件格式的素材，以及文件夹和字幕文件等。

　　【练习4-2】导入视频和声音素材。

　　01 启动Premiere Pro 2024应用程序，新建一个项目。

　　02 在"项目"面板中的空白处双击鼠标，或右击鼠标，在弹出的快捷菜单中选择"导入"命令，如图4-13所示。

　　03 在打开的"导入"对话框中选择素材存放的位置，然后选择要导入的素材，如图4-14所示。

图 4-13　选择菜单命令

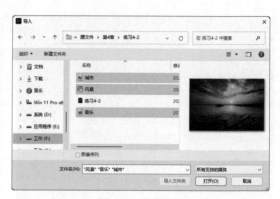

图 4-14　选择素材

04 在"导入"对话框中选择素材后，单击"打开"按钮，即可将选择的素材导入"项目"面板中，如图4-15所示。

❖ 注意：

在导入媒体素材时，如果文件导入失败，通常是因为在计算机中没有安装相应的视频解码器，这时只需要下载并安装相应的视频解码器即可。例如，当出现如图4-16所示的情况时，只需要下载并安装QuickTime播放器即可。

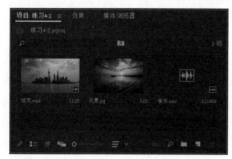

图 4-15　导入素材

图 4-16　文件导入失败提示

4.2.2　导入静帧序列素材

静帧序列素材是指按照名称编号顺序排列的一组格式相同的静态图片，每帧图片的内容之间在时间上存在延续的关系。

【练习4-3】导入静帧序列图片。

01 选择"文件"|"新建"|"项目"命令，新建一个项目。

02 选择"文件"|"导入"命令，在打开的"导入"对话框中选择素材存放的位置，然后选择静帧序列图片中的任意一张图片，再选中"图像序列"复选框，如图4-17所示。

03 在"导入"对话框中单击"打开"按钮，即可将指定文件夹中的序列图片以影片形式导入"项目"面板中，如图4-18所示。

图 4-17　选中"图像序列"复选框

图 4-18　导入序列素材

4.2.3　导入PSD格式的素材

Premiere Pro 2024可以支持多种文件格式，但是导入PSD格式的素材时，需要指定导入的图层或者在合并图层后将素材导入"项目"面板中。

【练习4-4】导入PSD图像。

[01] 选择"文件"|"新建"|"项目"命令，新建一个项目。

[02] 选择"文件"|"导入"命令，在打开的"导入"对话框中选择并打开PSD素材，如图4-19所示。

[03] 在打开的"导入分层文件"对话框中设置导入PSD素材的方式为"合并所有图层"，如图4-20所示。

图 4-19　选择并打开 PSD 素材

图 4-20　设置导入方式

[04] 在"导入分层文件"对话框中单击"确定"按钮，即可将PSD素材图像以合并图层后的效果导入"项目"面板中，如图4-21所示。

[05] 也可在"导入分层文件"对话框中单击"导入为"选项的下拉按钮，在下拉列表中选择"各个图层"选项，如图4-22所示。

[06] 在"导入分层文件"对话框中的图层列表中选择要导入的图层，如图4-23所示。

[07] 单击"确定"按钮，即可将选中的图层导入"项目"面板中，导入的图层素材将自动存放在以素材命名的文件夹中，如图4-24所示。

图 4-21　导入合并图像

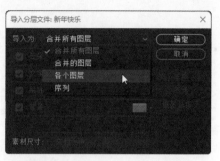

图 4-22　选择"各个图层"选项

图 4-23　选中图层

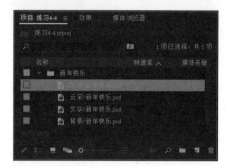

图 4-24　导入图层素材

4.2.4　嵌套导入项目

Premiere Pro 2024不仅能导入各种媒体素材，还可以在一个项目文件中以素材形式导入另一个项目文件，这种导入方式称为嵌套导入。

【练习4-5】嵌套导入项目文件。

01 选择"文件"|"新建"|"项目"命令，新建一个项目。

02 选择"文件"|"导入"命令，在打开的"导入"对话框中选择要导入的嵌套项目文件，如图4-25所示，单击"打开"按钮。

03 在弹出的"导入项目"对话框中设置"嵌套01"项目的导入类型为"导入整个项目"，然后单击"确定"按钮，如图4-26所示。

图 4-25　选中项目文件

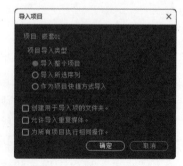

图 4-26　选择导入类型(一)

04 继续在"导入项目"对话框中设置"嵌套02"项目的导入类型为"导入整个项目"，然后单击"确定"按钮，如图4-27所示。

05 将选择的项目导入"项目"面板中后，可以看到导入的项目包含了两个项目文件的所有素材和序列，如图4-28所示。

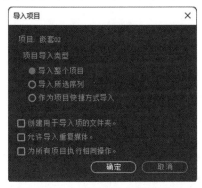

图 4-27　选择导入类型(二)

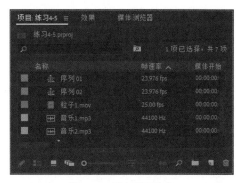

图 4-28　导入项目文件

4.3　管理素材

素材管理是影视编辑过程中的一个重要环节，在"项目"面板中对素材进行合理的管理，可以为后期的影视编辑工作带来事半功倍的效果。

4.3.1　应用素材箱管理素材

当"项目"面板中的素材过多时，应创建素材箱(类似Windows操作系统中的文件夹)对素材进行分类管理。在"项目"面板中创建素材箱有如下3种常用方法。

- 选择"文件"|"新建"|"素材箱"命令。
- 在"项目"面板中的空白处右击鼠标，在弹出的快捷菜单中选择"新建素材箱"命令，如图4-29所示。
- 单击"项目"面板右下方的"新建素材箱"按钮■，即可创建一个素材箱，所创建的素材箱依次以"素材箱""素材箱01""素材箱02"……作为默认名称，用户可以在激活名称的情况下对素材箱进行重命名，如图4-30所示。

图 4-29　选择"新建素材箱"命令

图 4-30　重命名素材箱

❖ **注意：**

如果导入了一个素材文件夹，那么Premiere 将沿用原文件夹的名称，自动创建一个新素材箱对素材进行管理。

【练习4-6】对影音素材进行分类管理。

01 选择"文件"|"新建"|"项目"命令，新建一个项目。

02 在"项目"面板中导入图像、视频和音乐素材，如图4-31所示。

03 单击"项目"面板中的"新建素材箱"按钮▣，并将新建的素材箱命名为"图像"，然后按Enter键进行确定，完成素材箱的创建，如图4-32所示。

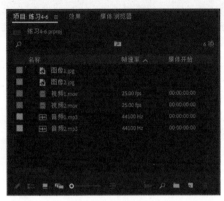

图 4-31　导入素材

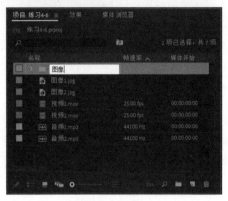

图 4-32　新建素材箱

04 选择"项目"面板中的两幅图像素材，然后将这些图像拖到"图像"素材箱上，即可将选择的素材放入"图像"素材箱中，如图4-33所示。

05 继续创建名为"视频"和"音频"的素材箱，并将素材拖入相应的素材箱中，如图4-34所示。

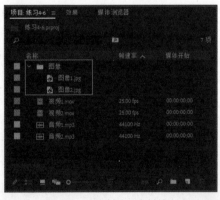

图4-33　将素材放入素材箱中

图4-34　分类存放素材

06 单击各个素材箱前面的三角形按钮，可以折叠素材箱，隐藏其中的内容，如图4-35所示。再次单击素材箱前面的三角形按钮，即可展开素材箱中的内容。

07 双击素材箱(如"图像")，可以单独打开该素材箱，并显示该素材箱中的内容，如图4-36所示。

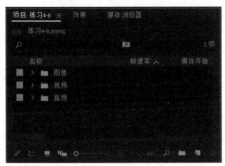

图 4-35　折叠素材箱

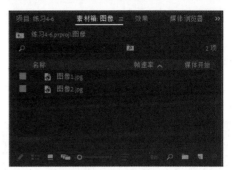

图 4-36　打开素材箱

❖ **注意：**

　　将素材放入素材箱后，可以对素材箱中的素材进行统一管理和修改。例如，在选中素材箱对象后，按Delete键，可以删除指定的素材箱及其包含的素材；也可以在选择素材箱后，一次性地对素材箱中素材的速度和持续时间进行修改。

4.3.2　在"项目"面板中预览素材

　　将素材导入"项目"面板中后，无须在"源监视器"面板中打开素材，就可以直接在"项目"面板中预览素材的效果。

　　【练习4-7】在"项目"面板中预览素材效果。

　　01 打开【练习4-6】创建的项目文件，在"项目"面板标题处右击鼠标，在弹出的快捷菜单中选择"预览区域"命令，如图4-37所示。

　　02 此时，"项目"面板的左上方将出一个预览区域，选择一个素材后，即可在此区域中预览素材的效果，如图4-38所示。

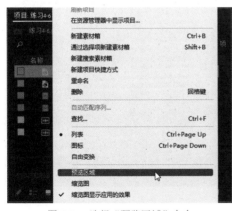

图 4-37　选择"预览区域"命令

图 4-38　预览素材效果

4.3.3　切换图标和列表视图

　　在"项目"面板中导入素材后，可以使用图标格式或列表格式显示项目中的元素对象。在"项目"面板中进行图标和列表视图切换的方法如下。

01 单击"项目"面板左下方的"图标视图"按钮■后，所有作品元素都将以图标格式出现在屏幕上，如图4-39所示。

02 单击"项目"面板左下方的"列表视图"按钮▤后，所有作品元素将以列表格式出现在屏幕上，如图4-40所示。

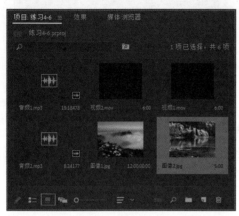
图 4-39　图标视图

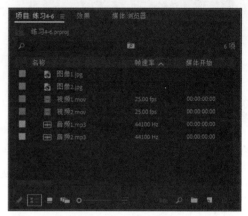
图 4-40　列表视图

4.3.4　使用脱机文件

脱机文件是当前并不存在的素材文件的占位符，可以记忆丢失的源素材信息。在视频编辑中遇到素材文件丢失时，不会毁坏已编辑好的项目文件。脱机文件在"项目"面板中显示的媒体类型信息为问号，如图4-41所示；脱机文件在节目监视器窗口中显示为脱机媒体文件，如图4-42所示。

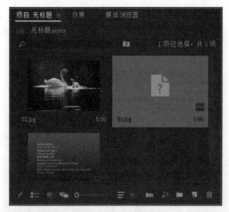
图 4-41　脱机文件

图 4-42　脱机媒体文件

❖ **注意:**

脱机文件只起到占位符的作用，在节目的合成中没有实际内容。如果最后要在Premiere中输出的话，需要将脱机文件替换为所需的素材，或定位链接计算机中的素材。

【练习4-8】链接脱机文件。

01 打开"练习4-8.prproj"项目文件,"项目"面板中的"01.jpg"素材为脱机文件,如图4-43所示。

02 在脱机素材上右击鼠标,在弹出的快捷菜单中选择"链接媒体"命令,如图4-44所示。

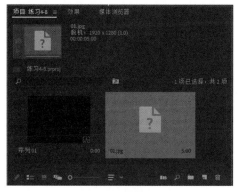

图 4-43 打开项目文件

图 4-44 选择"链接媒体"命令

03 在打开的"链接媒体"对话框中单击"查找"按钮,如图4-45所示。

图 4-45 单击"查找"按钮

04 在打开的查找对话框中找到并选择"01.jpg"素材,如图4-46所示。单击对话框中的"确定"按钮,即可完成脱机文件的链接。

图 4-46 选择链接素材

【练习4-9】素材的脱机与替换。

[01] 打开"练习4-9.prproj"项目文件,在"项目"面板的"城市01.jpg"素材上右击鼠标,在弹出的快捷菜单中选择"设为脱机"命令,如图4-47所示。

[02] 在打开的"设为脱机"对话框中选中"在磁盘上保留媒体文件"单选按钮,然后单击"确定"按钮,将指定的素材设置为脱机,如图4-48所示。

图 4-47　选择"设为脱机"命令　　　　　　　图 4-48　"设为脱机"对话框

[03] 将"城市01.jpg"素材设为脱机后的效果如图4-49所示。

[04] 在脱机素材上右击鼠标,在弹出的快捷菜单中选择"替换素材"命令,如图4-50所示。

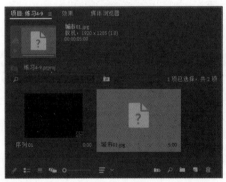

图 4-49　脱机效果　　　　　　　　　　　图 4-50　选择"替换素材"命令

[05] 在打开的对话框中选择"城市02.jpg"作为替换素材,如图4-51所示,单击"选择"按钮。"城市02.jpg"将在"项目"面板中替换"城市01.jpg",效果如图4-52所示。

图 4-51　选择替换素材　　　　　　　　　　图 4-52　替换素材

4.3.5 修改素材的持续时间

选择"项目"面板上的素材，然后选择"剪辑"|"速度/持续时间"命令，或者右击"项目"面板上的素材，在弹出的快捷菜单中选择"速度/持续时间"命令，如图4-53所示。打开"剪辑速度/持续时间"对话框，输入一个持续时间值并单击"确定"按钮，如图4-54所示，即可对素材设置新的持续时间。

图 4-53 选择"速度/持续时间"命令

图 4-54 输入持续时间值

❖ **注意:**

"剪辑速度/持续时间"对话框中的持续时间"00:00:02:00"，表示对象的持续时间为2秒。单击该对话框中的"链接"按钮，可以解除速度和持续时间之间的约束链接。

4.3.6 修改影片素材的播放速度

使用Premiere可以对视频素材的播放速度进行修改。打开"剪辑速度/持续时间"对话框，在"速度"字段中输入大于100%的数值会加快视频素材的播放速度，输入0～99%的数值将减慢视频素材的播放速度。

【练习4-10】创建慢动作效果。

01 新建一个项目文件，导入"轮滑.mp4"视频素材，如图4-55所示。

02 选择"项目"面板上的"轮滑.mp4"视频素材，然后选择"剪辑"|"速度/持续时间"命令，打开"剪辑速度/持续时间"对话框，修改速度为50%，如图4-56所示。

03 单击"确定"按钮，素材的速度将修改为原速度的50%，影片动作将变慢。由于视频速度与持续时间成反比，因此视频速度变慢后，持续时间将变长，如图4-57所示。

图 4-55 导入素材

图 4-56 修改速度

图 4-57 持续时间与速度成反比

❖ 注意：

在"剪辑速度/持续时间"对话框中选中"倒放速度"复选框，可以反向播放素材。

4.3.7 重命名素材

对素材文件进行重命名，可以更加方便、准确地查看素材。在"项目"面板中选择素材后，单击素材的名称，即可激活素材名称，如图4-58所示。此时只需要输入新的文件名称，然后按下Enter键即可完成素材的重命名操作，如图4-59所示。

图4-58　激活名称

图4-59　重命名素材

4.3.8 清除素材

在影视编辑过程中，清除多余的素材，可以减少管理素材的复杂程度。在Premiere中清除素材的常用方法有如下3种。

- ◯ 在"项目"面板中右击素材，在弹出的快捷菜单中选择"清除"命令。
- ◯ 在"项目"面板中选择要清除的素材，然后单击"清除"按钮🗑。
- ◯ 选择"编辑"|"移除未使用资源"命令，可以将未使用的素材清除。

4.4 创建Premiere背景元素

在使用Premiere进行视频编辑的过程中，借助Premiere自带的背景元素，可以为文本或图像创建颜色遮罩、黑场视频、彩条视频、倒计时片头等对象。本节将介绍如何创建Premiere预设的背景元素。

4.4.1 创建颜色遮罩

Premiere的颜色遮罩与其他视频蒙版不同，它是一个覆盖整个视频帧的纯色遮罩。颜色遮罩可用作背景或创建最终轨道之前的临时轨道占位符。使用颜色遮罩的优点之一在于它的通用性，在创建完颜色遮罩后，通过单击颜色遮罩即可轻松修改颜色。

【练习4-11】创建颜色遮罩。

01 选择"文件"|"新建"|"颜色遮罩"命令,打开"新建颜色遮罩"对话框,设置视频宽度和高度等信息,然后单击"确定"按钮,如图4-60所示。

02 在打开的"拾色器"对话框中选择遮罩颜色,选择好颜色后,单击"确定"按钮,关闭"拾色器"对话框,如图4-61所示。

图 4-60 "新建颜色遮罩"对话框

图 4-61 选择遮罩颜色

03 在打开的"选择名称"对话框中输入颜色遮罩的名称,如图4-62所示。然后单击"确定"按钮,颜色遮罩会自动在"项目"面板中生成,如图4-63所示。

图 4-62 输入名称

图 4-63 生成颜色遮罩

4.4.2 创建黑场视频

新建一个项目文件,然后选择"文件"|"新建"|"黑场视频"命令,打开"新建黑场视频"对话框,如图4-64所示。在"新建黑场视频"对话框中设置视频的宽度和高度等信息后,单击"确定"按钮,即可创建一个"黑场视频"素材,该素材将显示在"项目"面板中,如图4-65所示。

图 4-64 "新建黑场视频"对话框

图 4-65 创建"黑场视频"素材

4.4.3 创建彩条

除了可以使用菜单命令创建Premiere 背景元素，还可以在Premiere 的"项目"面板中单击"新建项"按钮▣来创建背景元素。下面以创建彩条为例，讲解在"项目"面板中创建背景元素的操作。

【练习4-12】创建彩条。

01 单击"项目"面板中的"新建项"按钮▣，在弹出的菜单中选择"彩条"命令，如图4-66所示。

02 在打开的"新建色条和色调"对话框中设置新建视频的宽度、高度等参数，如图4-67所示。

03 单击"确定"按钮，即可在"项目"面板中创建彩条对象，如图4-68所示。

  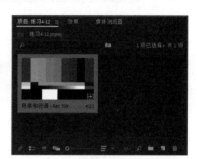

图 4-66　选择"彩条"命令　　　图 4-67　设置视频参数　　　图 4-68　创建彩条

4.4.4 创建倒计时片头

使用Premiere Pro 2024新建对象中的"通用倒计时片头"命令，可以创建系统预设的影片开始前的倒计时片头效果。

【练习4-13】创建倒计时片头。

01 在"项目"面板中单击"新建项"按钮▣，在弹出的菜单中选择"通用倒计时片头"命令，如图4-69所示。

02 在打开的"新建通用倒计时片头"对话框中设置视频的宽度和高度，然后单击"确定"按钮，如图4-70所示。

图 4-69　选择"通用倒计时片头"命令　　　图 4-70　"新建通用倒计时片头"对话框

[03] 在打开的"通用倒计时设置"对话框中根据需要设置倒计时视频颜色和音频提示音，如图4-71所示。

[04] 单击"确定"按钮，所创建的"通用倒计时片头"对象将显示在"项目"面板中，如图4-72所示。

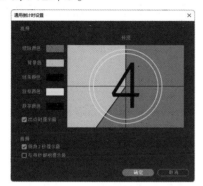

图 4-71　设置倒计时片头

图 4-72　创建的倒计时片头

❖ **注意：**

在Premiere中创建自带的背景元素后，可以通过双击元素对象对其进行编辑。但是，彩条、黑色场频和透明视频只有唯一的状态，因此不能对其进行重新编辑。

4.4.5　创建调整图层

调整图层是Premiere中重要的新建项目对象，在影视后期的效果处理和制作过程中具有重要作用。调整图层的基本特性包含透明性、承载性和轨道性，这些特性使图层具备了一般素材的基本属性，可以在多视频轨道和嵌套技术处理过程中得到更为充分的应用，从而大大节省了工作人员的制作时间，提高了剪辑的效率。

【练习4-14】创建调整图层。

[01] 选择"文件"|"新建"|"调整图层"命令，在打开的"调整图层"对话框中设置对象的宽度和高度，如图4-73所示。

[02] 单击"确定"按钮，所创建的"调整图层"对象将显示在"项目"面板中，如图4-74所示。

图 4-73　设置对象参数

图 4-74　创建的调整图层

4.5 本章小结

本章介绍了在Premiere中创建项目的知识和操作方法，读者需要重点掌握新建项目文件、在"项目"面板中导入素材、分类管理素材、修改素材的速度和持续时间、素材的脱机和联机，以及创建背景元素等方法。

4.6 思考与练习

1. 单击"项目"面板右下方的_____按钮，即可创建一个素材箱。

2. 在"项目"面板中可以_____或_____显示项目中的元素对象。

3. 单击"项目"面板左下方的_____按钮，作品元素将以列表格式出现在屏幕上。

4. _____是当前并不存在的素材文件的占位符，可以记忆丢失的源素材信息。

5. "剪辑速度/持续时间"对话框中的持续时间"00:01:25:00"，表示对象的持续时间为_____。

6. 在Premiere中可以导入哪些常用的素材？

7. 当"项目"面板中的素材过多时，如何对素材进行分类管理？

8. 如何修改影片素材的播放速度？

9. 启动Premiere Pro 2024应用程序，导入素材，并创建素材箱对素材进行分类管理，然后修改所有图片的持续时间为2秒，如图4-75所示。

10. 启动Premiere Pro 2024应用程序，使用本章所学的知识，新建一个"透明视频"元素，如图4-76所示。

图 4-75　导入并管理素材

图 4-76　创建"透明视频"素材

第5章

序 列

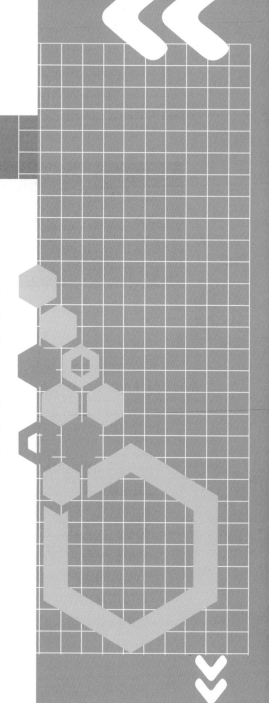

Premiere的视频编辑主要是在"时间轴"面板的序列中进行操作的。Premiere创建的序列会显示在"时间轴"面板中，在"时间轴"面板中对序列素材进行编辑后，再将一个个的片段组接起来，就完成了视频的编辑操作。

本章将介绍Premiere Pro 2024视频编辑的相关知识，包括认识"时间轴"面板和编辑工具，以及学习创建和设置序列、在序列中编辑素材、轨道控制、嵌套序列和多位机序列等方法。

5.1　认识"时间轴"面板

Premiere创建的序列存放在"时间轴"面板中，视频编辑工作的大部分操作是在"时间轴"面板中进行的，该面板用于组接"项目"面板中的各种片段，是按时间排列片段、制作影视节目的编辑面板。

5.1.1　时间轴面板功能划分

在创建序列前，"时间轴"面板只有标题、时间码和工具选项，而且这些选项处于不可用的灰色状态，如图5-1所示。

将素材添加到"时间轴"面板，或选择"文件"|"新建"|"序列"命令，创建一个序列后，"时间轴"面板将变为包括序列影视节目的工作区、视频轨道、音频轨道和各种工具组成的面板，如图5-2所示。

图 5-1　"时间轴"面板

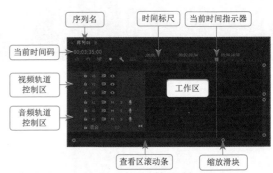

图 5-2　"时间轴"面板功能划分

> ❖ 注意：
>
> 如果在Premiere程序窗口中看不到"时间轴"面板，可以通过双击"项目"面板中的序列图标将其打开，或选择"窗口"|"时间轴"命令将其打开。

5.1.2　时间轴标尺选项

"时间轴"面板中的时间轴标尺图标和控件决定了观看影片的方式，以及Premiere渲染和导出的区域。

- ○　时间标尺：时间标尺是时间间隔的可视化显示，它将时间间隔转换为每秒包含的帧数，以此对应项目的帧速率。标尺上出现的数字之间的实际刻度数取决于当前的缩放级别，用户可以拖动查看区滚动条或缩放滑块进行调整。

- ○　当前时间码：在时间轴上移动当前时间指示器时，当前时间码显示框中会指示当前帧所在的时间位置。可以单击时间码显示框并输入一个时间，以快速跳到指定的帧处。输入时间时不必输入分号或冒号。例如，单击时间码显示框并输入

35215后按Enter键，如图5-3所示，即可移到帧03:52:15的位置，如图5-4所示。

图 5-3 输入时间

图 5-4 移动时间指示器

○ 当前时间指示器：当前时间指示器是标尺上的蓝色图标。可以单击并拖动当前时间指示器在影片上缓缓移动，如图5-5所示，也可以单击标尺区域中的某个位置，将当前时间指示器移到特定帧处。

○ 查看区滚动条：单击并拖动查看区滚动条可以更改时间轴中的查看位置，如图5-6所示。

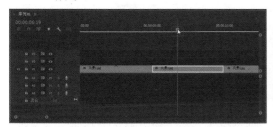

图 5-5 拖动时间指示器

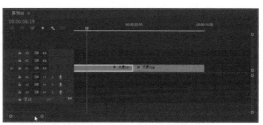

图 5-6 拖动查看区滚动条

○ 缩放滑块：单击并拖动查看区滚动条两边的缩放滑块，可以更改时间轴中的缩放级别。缩放级别决定标尺的增量和在"时间轴"面板中显示的影片长度。

❖ 注意：

要放大时间轴，单击查看区滚动条两边的缩放滑块并向左拖动，如图5-7所示；要缩小时间轴，单击查看区滚动条两边的缩放滑块并向右拖动，如图5-8所示。

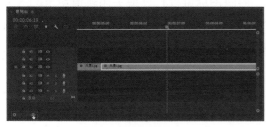

图 5-7 向左拖动缩放滑块

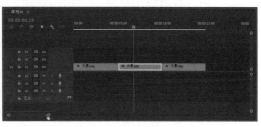

图 5-8 向右拖动缩放滑块

○ 工作区：时间轴标尺的下面是Premiere的工作区，用于指定将要导出或渲染的工作区。可以单击工作区的某个端点并拖动，或者从左向右拖动整个工作区。在渲染项目时，Premiere只渲染工作区中定义的区域。

5.1.3　视频轨道控制区

　　"时间轴"面板的重点是视频和音频轨道,视频轨道提供了视频影片、转场和效果的可视化表示。使用时间轴轨道选项可以添加和删除轨道,并控制轨道的显示方式,还可以控制在导出项目时是否输出指定轨道,以及锁定轨道和指定是否在视频轨道中查看视频帧。

　　轨道控制的图标和轨道选项如图5-9所示,下面分别介绍常用图标和选项的功能。

- ○ 对齐:该按钮触发Premiere的对齐到边界命令。当打开对齐功能时,一个序列的帧对齐到下一个序列的帧,这种磁铁似的效果有助于确保影片中没有间隙。打开对齐功能后,"对齐"按钮显示为被按下的状态。此时,将一个素材向另一个邻近的素材拖动时,它们会自动吸附在一起,这可以防止素材之间出现时间间隙。
- ○ 添加标记:使用序列标记,可以设置想要快速跳至的时间轴上的点。序列标记有助于在编辑时将时间轴中的工作分解。若要设置未编号标记,则将当前时间指示器拖到想要设置标记的位置,然后单击"添加标记"按钮 ,即可添加序列标记,如图5-10所示。

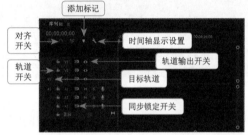

图 5-9　轨道中的图标和选项

图 5-10　设置标记后的效果

- ○ 目标轨道:当使用素材源监视器插入影片,或者使用节目监视器或参考监视器编辑影片时,Premiere会改变时间轴中当前目标轨道中的影片。要指定一个目标轨道,只需单击此轨道左侧的"目标轨道"图标即可。
- ○ 切换轨道输出:单击"切换轨道输出"眼睛图标可以打开或关闭轨道输出,这可以避免在播放期间或导出时在"节目监视器"面板中查看轨道。要再次打开输出,只需再次单击此按钮,眼睛图标会再次出现,指示导出时将在"节目监视器"面板中查看轨道。
- ○ 切换轨道锁定:轨道锁定是一个安全特性,可以防止意外编辑。当一个轨道被锁定时,不能对轨道进行任何更改。单击"切换轨道锁定"图标后,此图标将出现锁定标记 ,指示轨道已被锁定。要对轨道解锁,再次单击该图标即可。
- ○ 将序列作为嵌套或个别剪辑插入并覆盖 :用于将新序列作为嵌套或个别剪辑插入并覆盖原序列。
- ○ 时间轴显示设置:单击该按钮 ,可以弹出用于设置时间轴显示样式的菜单,如图5-11所示。例如,启用"显示视频缩览图"选项后,在展开轨道时,可以显示视频的缩览图,如图5-12所示。

图 5-11　时间轴显示设置菜单

图 5-12　显示视频缩览图

5.1.4　音频轨道控制区

音频轨道中的时间轴控件与视频轨道中的时间轴控件类似。音频轨道提供了音频素材、转场和效果的可视化表示。

- ❑ 目标轨道：要将一个轨道转变为目标轨道，单击其左侧的"A1""A2"或"A3"图标即可。
- ❑ M/S：单击M按钮，转换为静音轨道；单击S按钮，转换为独奏轨道。
- ❑ 轨道锁定开关：此图标控制轨道是否被锁定。当轨道被锁定后，不能对轨道进行更改。单击"轨道锁定开关"图标，可以打开或关闭轨道锁定。当轨道被锁定时，会出现锁形图标■■。

> ❖ **注意：**
>
> Premiere可以提供各种不同的音频轨道，包括标准音频轨道、子混合轨道、主音轨道及5.1轨道。标准音频轨道用于WAV和AIFF素材。子混合轨道用于为轨道的子集创建效果，而不是为所有轨道创建效果。使用Premiere音轨混合器可以将音频放到主音轨道和子混合轨道中。5.1轨道是一种特殊轨道，仅用于立体声音频。

5.1.5　显示音频时间单位

默认情况下，Premiere以帧的形式显示时间轴间隔。用户可以在"时间轴"面板中单击快捷菜单按钮，然后在快捷菜单中选择"显示音频时间单位"命令，如图5-13所示，即可将时间轴单位更改为音频时间单位，音频时间单位以毫秒或音频采样的形式显示，如图5-14所示。

图 5-13　选择"显示音频时间单位"命令

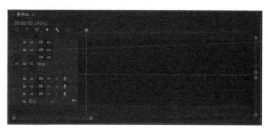

图 5-14　显示音频时间单位

5.2 创建与设置序列

将素材导入"项目"面板后,需要将素材添加到"时间轴"面板的序列中,然后在"时间轴"面板中对序列素材进行视频编辑。将素材按照顺序分配到时间轴上的操作就是装配序列。

5.2.1 创建新序列

将"项目"面板中的素材拖到"时间轴"面板中,即可创建一个以素材名命名的序列。用户也可以通过新建命令,在"时间轴"面板中创建一个新序列,并且可以设置序列的名称、视频大小和轨道数等参数,新建的序列会作为一个新的选项卡自动添加到"时间轴"面板中。

【练习5-1】新建序列。

01 新建一个项目文件,选择"文件"|"新建"|"序列"命令,打开"新建序列"对话框,在下方的文本框中输入序列的名称,如图5-15所示。

02 分别在"序列预设""设置"和"轨道"选项卡中设置好需要的参数,然后单击"确定"按钮,即可在"时间轴"面板中新建一个序列,如图5-16所示。

图 5-15 输入序列名称

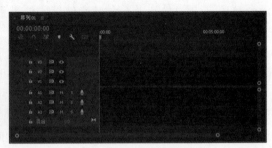

图 5-16 新建序列

5.2.2 序列预设

在"新建序列"对话框中选择"序列预设"选项卡,在"可用预设"列表中可以选择所需的序列预设参数,选择序列预设后,在该对话框的"预设描述"区域中,将显示该预设的编辑模式、画面大小、帧速率、像素长宽比和位数深度设置,以及音频设置等,如图5-15所示。

Premiere为NTSC电视和PAL标准提供了DV(数字视频)格式预设。如果正在使用HDV或HD进行工作，也可以选择预设。用户还可以更改预设，同时将自定义预设保存起来，用于其他项目。

○ 如果所工作的DV项目中的视频不准备用于宽银幕格式(16∶9的纵横比)，可以选择"标准48kHz"选项。该预设将声音品质指示为48kHz，它用于匹配素材源影片的声音品质。

○ 24P预设文件夹用于以24帧/秒拍摄且画幅大小是720×480的逐行扫描影片(松下和佳能制造的摄像机在此模式下拍摄)。如果有第三方视频采集卡，可以看到其他预设，专门用于辅助采集卡工作。

○ 如果使用DV影片，可以不必更改默认设置。

5.2.3　序列常规设置

在"新建序列"对话框中选择"设置"选项卡，在该选项卡中可以设置序列的常规参数，如图5-17所示。

○ 编辑模式：编辑模式是由"序列预设"选项卡中选定的预设所决定的。使用编辑模式选项可以设置时间轴的播放方法和压缩方式。选择DV预设，编辑模式将自动设置为DV NTSC或DV PAL。如果不想选择某种预设，那么可以直接从"编辑模式"下拉列表中选择一种编辑模式，如图5-18所示。

图 5-17　选择"设置"选项卡

图 5-18　"编辑模式"下拉列表

○ 时基：也就是时间基准。在计算编辑精度时，"时基"选项决定了Premiere如何划分每秒的视频帧。在大多数项目中，时间基准应该匹配所采集影片的帧速率。对于DV项目来说，时间基准设置为29.97并且不能更改。应当将PAL项目的时间基准设置为25，影片项目设置为24，移动设备设置为15。"时基"设置也决定了"显示格式"区域中的哪个选项可用。"时基"和"显示格式"选项决定了时间轴窗口中的标尺核准标记的位置。

- 帧大小：项目的画面大小是其以像素为单位的宽度和高度。第一个数字代表画面宽度，第二个数字代表画面高度。如果选择了DV预设，则画面大小设置为DV默认值(720×480)。如果使用DV编辑模式，则不能更改项目的画面大小。但是，如果是使用桌面编辑模式创建的项目，则可以更改画面大小。如果是为Web或光盘创建的项目，那么在导出项目时可以缩小其画面大小。

- 像素长宽比：本设置应该匹配图像像素的形状——图像中一个像素的宽与高的比值。对于在图形程序中扫描或创建的模拟视频和图像，请选择方形像素。根据所选择的编辑模式的不同，"像素长宽比"选项的设置也会不同。例如，如果选择了"DV 24p"编辑模式，可以从0.9和1.2中进行选择，此格式用于宽银幕影片，如图5-19所示。如果选择"自定义"编辑模式，则可以自由选择像素长宽比，如图5-20所示，此格式多用于方形像素。如果胶片上的视频是由变形镜头拍摄的，则选择"变形2∶1(2.0)"选项，这样镜头会在拍摄时压缩图像，但投影时可以反向压缩可变形放映镜头以创建宽银幕效果。D1/DV项目的默认设置是0.9。

图 5-19　选择用于宽银幕影片的格式

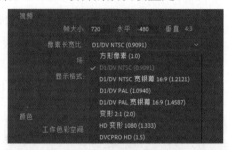

图 5-20　自由选择像素长宽比

❖ **注意：**

如果需要更改所导入素材的帧速率或像素长宽比(因为它们可能与项目设置不匹配)，请在"项目"面板中选定此素材，然后选择"剪辑"|"修改"|"解释素材"命令，打开"修改剪辑"对话框。要更改帧速率，可在该对话框中单击"采用此帧速率"选项，然后在文本编辑框中输入新的帧速率；要更改像素长宽比，则单击"符合"选项，然后从像素长宽比列表中进行选择。设置完成后单击"确定"按钮，"项目"面板即可指示出这种改变。如果需要在纵横比为4∶3的项目中导入纵横比为16∶9的宽银幕影片，那么可以使用"运动"视频效果的"位置"和"比例"选项，以缩放与控制宽银幕影片。

- 场：在将项目导出到录像带中时，需要用到场。每个视频帧都会分为两个场，它们会显示1/60秒。在PAL标准中，每个场会显示1/50秒。在"场"下拉列表中可以选择"高场优先"或"低场优先"选项，这取决于系统期望得到什么样的场。

- 采样率：音频采样率决定了音频品质。采样率越高，提供的音质就越好。最好将此设置保持为录制时的值。如果将此设置更改为其他值，则需要更多处理过程，而且可能降低音频品质。

○ 视频预览：用于指定使用Premiere时如何预览视频。大多数选项是由项目编辑模式决定的，因此不能更改。例如，对于DV项目而言，任何选项都不能更改。如果选择HD编辑模式，则可以选择一种文件格式。如果预览部分中的选项可用，可以选择组合文件格式和色彩深度，以便在重放品质、渲染时间和文件大小之间取得最佳平衡。

5.2.4 序列轨道设置

在"新建序列"对话框中选择"轨道"选项卡，在该选项卡中可以设置"时间轴"面板中的视频和音频轨道数，也可以选择是否创建子混合轨道和数字轨道，如图5-21所示。

在"视频"选项组的数值框中可以重新对序列的视频轨道数进行设置；在"音频"选项组的"混合"下拉列表中可以选择主音轨的类型，如图5-22所示，单击其下方的"添加轨道"按钮 ，则可以增加默认的音频轨道数，在下方的轨道列表中还可以设置音频轨道的名称、类型等参数。

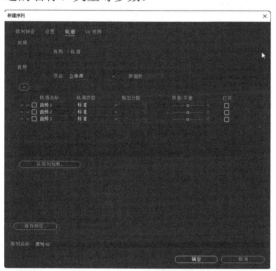

图 5-21　选择"轨道"选项卡

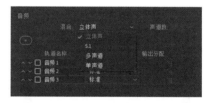

图 5-22　选择主音轨类型

❖ **注意：**

在"轨道"选项卡中更改设置并不会改变当前时间轴，如果通过选择"文件"|"新建"|"序列"命令的方式创建一个新序列后，则添加了新序列的时间轴会显示新设置。

【练习5-2】更改并保存序列。

01 选择"文件"|"新建"|"序列"命令，打开"新建序列"对话框，在"新建序列"对话框中选择"设置"选项卡，设置"编辑模式"和"帧大小"参数，如图5-23所示。

02 选择"轨道"选项卡，设置视频轨道数，然后单击"保存预设"按钮，如图5-24所示。

图 5-23 设置常规参数　　　　　　　　　图 5-24 单击"保存预设"按钮

03 在打开的"保存序列预设"对话框中为该自定义预设命名，也可以在"描述"文本框中输入一些有关该预设的说明性文字，如图5-25所示。

04 单击"确定"按钮，即可保存设置的序列预设参数，保存的预设将出现在"序列预设"选项卡的"自定义"文件夹中，如图5-26所示。

图 5-25 命名自定义预设

图 5-26 新建的预设序列

5.2.5 关闭和打开序列

创建序列后，序列会在"项目"面板中生成。在"时间轴"面板中单击序列名称前的"关闭"按钮██，可以将"时间轴"面板中的序列关闭；关闭"时间轴"面板中的序列后，双击"项目"面板中的序列项目，可以在"时间轴"面板中重新打开该序列。

5.3 在序列中编辑素材

"时间轴"面板是Premiere用于放置序列的地方，用户可以在"时间轴"面板中添加序列素材，并进行各种编辑操作。

在"项目"面板中导入素材后，即可将素材添加到时间轴的序列中，这样便可以在"时间轴"面板中对素材进行编辑，还可以在"节目监视器"面板中对素材效果进行播放预览。

5.3.1 在序列中添加素材的方法

在Premiere中创建序列后，可以通过如下几种方法将"项目"面板中的素材添加到"时间轴"面板的序列中。

○ 在"项目"面板中选择素材，然后将其从"项目"面板拖到"时间轴"面板的序列轨道中。

○ 选中"项目"面板中的素材，然后选择"素材"|"插入"命令，将素材插入当前时间指示器所在的目标轨道上。插入素材时，该素材会被放到序列中，并将插入点所在的影片推向右边。

○ 选中"项目"面板中的素材，然后选择"素材"|"覆盖"命令，将素材插入当前时间指示器所在的目标轨道上。插入素材时，该素材会被放到序列中，插入的素材将替换当前时间指示器后面的素材。

○ 双击"项目"面板中的素材，在"源监视器"面板中将其打开，设置好素材的入点和出点后，单击"源监视器"面板中的"插入"或"覆盖"按钮，或者选择"素材"|"插入"或"素材"|"覆盖"命令，将素材添加到"时间轴"面板中。

5.3.2 在序列中快速添加素材

虽然在Premiere中可以使用多种方法将素材添加到序列中，但最常用的方法还是直接将素材从"项目"面板拖到"时间轴"面板的序列轨道中。

【练习5-3】在序列中添加素材。

01 新建一个项目文件，然后在"项目"面板中导入两个素材对象，如图5-27所示。

02 选择"文件"|"新建"|"序列"命令，新建一个序列。

03 在"项目"面板中选择并拖动一个素材到"时间轴"面板的轨道1中，即可将选择的素材添加到"时间轴"面板的序列中，如图5-28所示。

04 在"时间轴"面板中将时间指示器移到素材的出点处，如图5-29所示。

05 在"项目"面板中选择并拖动另一个素材到"时间轴"面板的轨道1中，将其入点与前面素材的出点对齐，效果如图5-30所示。

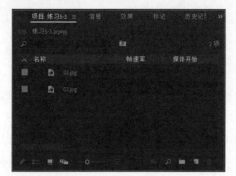

图5-27　导入素材

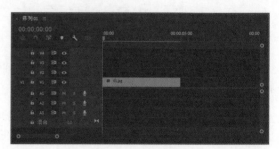

图5-28　添加素材

图5-29　移动时间指示器

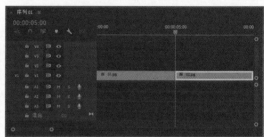

图5-30　添加另一个素材

❖ **注意:**

在添加素材之前，首先应将时间指示器移到要添加素材的入点处。在添加素材时，素材入点可以自动对齐到时间指示器的位置(首先要确认"时间轴"面板中的"对齐"按钮处于开启状态)。

5.3.3　选择和移动素材

将素材放置在"时间轴"面板中以后，作为编辑过程的一部分，可能还需要重新排列素材的位置。用户可以选择一次移动一个素材，或者同时移动几个素材，还可以单独移动某个素材的视频或音频。

1. 使用选择工具

在"时间轴"面板中移动单个素材时，最简单的方法是使用"工具"面板中的选择工具▶选择并拖动素材。使用"工具"面板中的选择工具可以进行以下操作。

- ❑ 单击素材，可以将其选中。然后拖动素材，可以移动素材的位置。
- ❑ 按住Shift键的同时单击想要选择的多个素材，或者通过框选的方式也可以选择多个素材。
- ❑ 如果想选择素材的视频部分而不要音频部分，或者想选择音频部分而不要视频部分，可以在按住Alt键的同时单击素材的视频或音频部分。

2. 使用轨道选择工具

如果想快速选择某个轨道上的多个素材，或者从某个轨道中删除一些素材，可以使用

"工具"面板中的"向前选择轨道工具"  或"向后选择轨道工具" 进行选择。

选择"向前选择轨道工具" 后，单击轨道中的素材，可以选择所单击的素材及该素材右侧的所有素材，如图5-31所示；选择"向后选择轨道工具" 后，单击轨道中的素材，可以选择所单击的素材及该素材左侧的所有素材，如图5-32所示。

图 5-31　向前选择素材

图 5-32　向后选择素材

5.3.4　设置序列素材的持续时间

在"序列"中设置素材的播放速度和持续时间的方法，与在"项目"面板设置素材的播放速度和持续时间的方法相似。在"序列"中选中要修改的素材，然后选择"剪辑"|"速度/持续时间"命令，或在"序列"中右击该素材，在弹出的快捷菜单中选择"速度/持续时间"命令，如图5-33所示，打开"剪辑速度/持续时间"对话框，即可修改该素材的播放速度和持续时间，如图5-34所示。

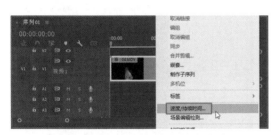
图 5-33　选择"速度 / 持续时间"命令

图 5-34　"剪辑速度 / 持续时间"对话框

❖ **注意：**

在"序列"中修改素材的播放速度和持续时间时，不会影响"项目"面板中的素材。

5.3.5　启用和禁用素材

在进行视频编辑的过程中，使用"节目监视器"面板播放项目时，如果不想看到某个素材的视频，可以将其禁用，而不必将其删除。

【练习5-4】启用和禁用序列中的素材。

01 新建一个项目和序列，在"项目"面板中导入两个素材(如"01.mp4""02.mp4")，如图5-35所示。

02 将"项目"面板中的素材添加到"时间轴"面板的视频轨道中，如图5-36所示。

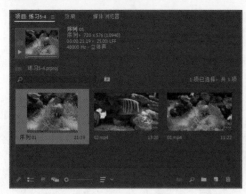

图 5-35　导入素材　　　　　　　　　　　图 5-36　在时间轴中添加素材

03 在"时间轴"面板中将时间指示器移到"02.mp4"素材所在的持续范围内，然后选择"窗口"|"节目监视器"|"序列01(当前序列名)"命令，打开"节目监视器"面板，查看序列中的节目效果，如图5-37所示。

04 在"时间轴"面板中选中"02.mp4"素材，然后选择"剪辑"|"启用"命令，"启用"菜单项上的复选标记将被移除，这样即可将选中的素材设置为禁用状态，禁用素材的名称颜色将发生变化，并且该素材不能在"节目监视器"面板中显示，如图5-38所示。

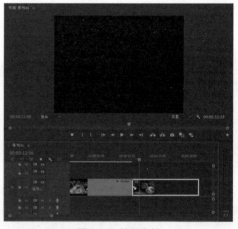

图 5-37　查看节目效果　　　　　　　　　图 5-38　禁用素材

05 如要重新启用素材，可以再次选择"剪辑"|"启用"命令，将素材设置为最初的启用状态，该素材便可以重新在"节目监视器"面板中显示。

5.3.6　调整素材的排列

进行视频编辑时，有时需要将"时间轴"面板中的某个素材放置到另一个区域。但是，在移动某个素材后，就会在移除素材的地方留下一个空隙，如图5-39和图5-40所示。为了避免这个问题，Premiere提供了"插入""提取"或"覆盖"编辑的方式来移动素材。

图 5-39　移动素材前

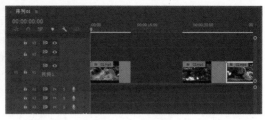

图 5-40　移动素材后

1. 插入素材

在Premiere中，通过"插入"方式排列素材，可以在节目中的某个位置快速添加一个素材，且在各个素材之间不留下空隙。

【练习5-5】通过插入方式重排素材。

01 新建一个项目，在"项目"面板中导入4个素材(如"01.mp4""02.mp4""03. mp4"和"04.mp4")，如图5-41所示。

02 新建一个序列，将"项目"面板中的"01.mp4"和"04.mp4"素材添加到"时间轴"面板的视频1轨道中，如图5-42所示。

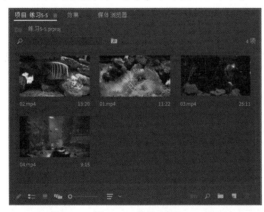

图 5-41　导入素材

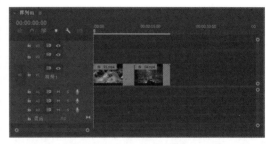

图 5-42　在时间轴中添加素材

03 在"时间轴"面板中将时间指示器移到"01.mp4"素材的出点处，如图5-43所示。

04 在"项目"面板中选中"02.mp4"素材，然后选择"剪辑"|"插入"命令，即可将"02.mp4"素材插入"01.mp4"素材的后面，如图5-44所示。

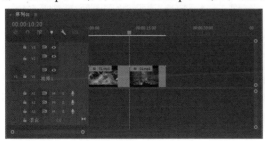

图 5-43　移动时间指示器

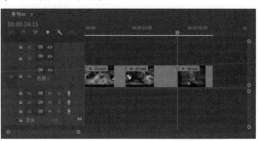

图 5-44　在时间轴中插入素材

05 在"时间轴"面板中将时间指示器移到"01.mp4"素材的中间，如图5-45所示。

06 在"项目"面板中选中"03.mp4"素材，然后选择"剪辑"|"插入"命令，即可将"03.mp4"素材插入"01.mp4"素材的中间，如图5-46所示。

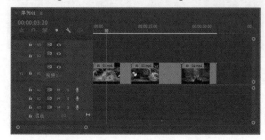
图 5-45　再次移动时间指示器

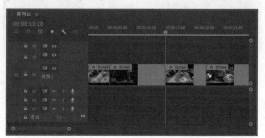
图 5-46　再次在时间轴中插入素材

2. 提取素材

使用"提取"方式可以在移除素材之后闭合素材的间隙。按住Ctrl键，将一个素材或一组选中的素材拖到新位置，然后释放鼠标，即可通过提取方式重排素材。

【练习5-6】 通过提取方式重排素材。

01 新建一个项目，在"项目"面板中导入4个素材(如"01.mp4""02.mp4""03.mp4"和"04.mp4")。

02 新建一个序列，将"项目"面板中的素材依次添加到"时间轴"面板的视频1轨道中，如图5-47所示。

03 按住Ctrl键的同时，选择视频1轨道中的"02.mp4"素材，如图5-48所示。

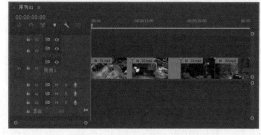
图 5-47　在时间轴中添加素材

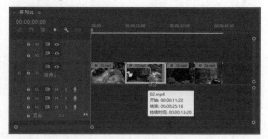
图 5-48　按住 Ctrl 键选择素材

04 将"02.mp4"素材拖到"04.mp4"素材的出点处，如图5-49所示。释放鼠标，即可完成素材的提取，如图5-50所示。

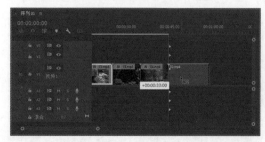
图 5-49　拖动素材

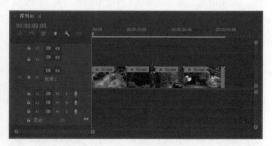
图 5-50　提取素材

3. 覆盖素材

以"覆盖"方式重排素材，可以使用某个素材将时间指示器所在位置的素材覆盖。在"项目"面板中选择一个素材，然后在"时间轴"面板中将时间指示器移到指定位置，再选择"剪辑"|"覆盖"命令，即可使用选择的素材将时间指示器后面的素材覆盖；或者在"时间轴"面板中将一个素材拖到另一个素材的位置，即可将其覆盖。

【练习5-7】通过覆盖方式重排素材。

01 新建一个项目，在"项目"面板中导入4个素材(如"01.mp4""02.mp4""03.mp4"和"04.mp4")。

02 新建一个序列，将"项目"面板中的"01.mp4""02.mp4"和"04.mp4"素材依次添加到"时间轴"面板的视频1轨道中，如图5-51所示。

03 将时间指示器移到"01.mp4"素材的出点处，如图5-52所示。

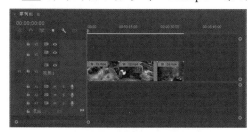
图 5-51　在时间轴中添加素材

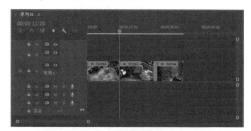
图 5-52　移动时间指示器

04 在"项目"面板中选择"03.mp4"素材，如图5-53所示，然后选择"剪辑"|"覆盖"命令，即可使用"03.mp4"素材覆盖"01.mp4"素材后面的素材，如图5-54所示。

图 5-53　选择素材

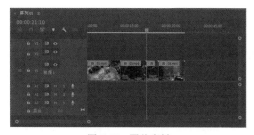
图 5-54　覆盖素材

5.3.7　删除序列间隙

在编辑过程中，有时不可避免地会在"时间轴"面板的素材间留有间隙。如果通过移动素材来填补间隙，那么其他的素材之间又会出现新的间隙。这种情况就需要使用波纹删除方法来删除序列中素材间的间隙。

在素材间的间隙中右击鼠标，从弹出的快捷菜单中选择"波纹删除"命令，如图5-55所示，即可将素材间的间隙删除，如图5-56所示。

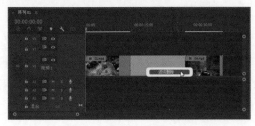

图5-55 选择"波纹删除"命令

图5-56 删除素材间的间隙

5.3.8 自动匹配序列

使用Premiere的自动匹配序列功能，不仅可以将素材从"项目"面板添加到时间轴的轨道中，还可以在素材之间添加默认过渡效果。

【练习5-8】自动匹配序列。

01 新建一个项目，在"项目"面板中导入多个素材，如图5-57所示。

02 新建一个序列，将"项目"面板中的"01.mp4"和"02.mp4"素材添加到"时间轴"面板的视频轨道中，然后将时间指示器移到"01.mp4"素材的出点处，如图5-58所示。

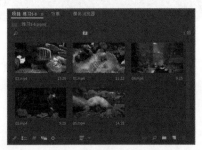

图5-57 导入素材

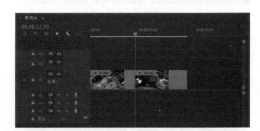

图5-58 在时间轴中添加素材

03 在"项目"面板中选中其他几个素材，将其作为要自动匹配到"时间轴"面板中的素材，如图5-59所示。

04 选择"剪辑"|"自动匹配序列"命令，打开"序列自动化"对话框，如图5-60所示。

图5-59 选中要匹配的素材

图5-60 "序列自动化"对话框

"序列自动化"对话框中各选项的功能如下。

- 顺序：此选项用于选择是按素材在"项目"面板中的排列顺序对它们进行排序，还是根据在"项目"面板中选择它们的顺序进行排序。

- 放置：选择"按顺序"对素材进行排序，或者选择按时间轴中的每个未编号标记进行排序。如果选择"未编号标记"选项，那么Premiere将禁用该对话框中的"过渡"选项。

- 方法：此选项允许选择"插入编辑"或"覆盖编辑"。如果选择"插入编辑"选项，那么已经在时间轴中的素材将向右推移；如果选择"覆盖编辑"选项，那么来自"项目"面板的素材将替换时间轴中的素材。

- 剪辑重叠：此选项用于指定将多少秒或多少帧用于默认转场。在30帧长的转场中，15帧将覆盖来自两个相邻素材的帧。

- 过渡：此选项应用目前已设置好的素材之间的默认切换转场。

- 忽略音频：如果选择此选项，那么Premiere不会放置链接到素材的音频。

- 忽略视频：如果选择此选项，那么Premiere不会将视频放置在时间轴中。

05 在"序列自动化"对话框中设置"顺序"为"排序"，"方法"为"插入编辑"，如图5-61所示。然后单击"确定"按钮，即可完成操作，自动匹配序列后的效果如图5-62所示。

图 5-61 设置自动匹配选项

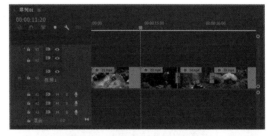

图 5-62 自动匹配序列后的效果

❖ **注意:**

如果要将在"项目"面板中选择的素材按顺序放置在视频轨道中，首先要对"项目"面板中的素材进行排序，以便它们按照需要的时间顺序显示。

5.3.9 素材的编组

如果需要多次选择相同的素材，则应该将它们放置在一个组中。在创建素材组之后，可以通过单击任意组的编号来选择该组的每个成员，还可以通过选择该组的任意成员并按Delete键来删除该组中的所有素材。

- 在"时间轴"面板中选择需要编为一组的素材，然后选择"剪辑"|"编组"命令，即可对选择的素材进行编组。进行素材编组后，当选择组中的一个素材时，该组中的其他素材也会同时被选取。

- 在"时间轴"面板中选择素材组，然后选择"剪辑"|"取消编组"命令，即可取消素材的编组。

【练习5-9】对素材进行编组。

01 新建一个项目，在"项目"面板中导入多个素材。

02 新建一个序列，将"项目"面板中的素材依次添加到"时间轴"面板的视频1轨道中，如图5-63所示。

03 在视频1轨道中选择中间的3个素材，然后选择"剪辑"|"编组"命令，即可将选中的素材编辑为一组，如图5-64所示。

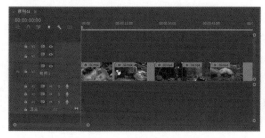

图 5-63　在时间轴中添加素材

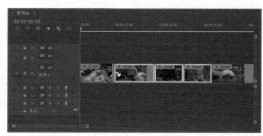

图 5-64　将素材编组

04 在视频1轨道中选择编组素材中的任意一个素材，即可选中整个素材组，如图5-65所示。

05 将选中的素材拖到"05.mp4"素材的出点处，释放鼠标，整个编组中的素材都将被移到"05.mp4"素材的后面，如图5-66所示。

图 5-65　选中整个素材组

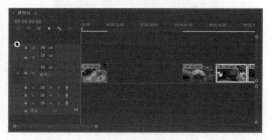

图 5-66　移动素材

5.4　轨道控制

在视频编辑过程中，通常需要进行添加、删除视频或音频轨道等操作。本节将介绍添加轨道、删除轨道和重命名轨道的方法。

5.4.1 添加轨道

选择"序列"|"添加轨道"命令，或者右击轨道名称并从弹出的快捷菜单中选择"添加轨道"命令，打开如图5-67所示的"添加轨道"对话框，在此可以选择要创建的轨道类型和轨道放置的位置。图5-68所示的是添加视频轨道后的效果。

图 5-67 "添加轨道"对话框

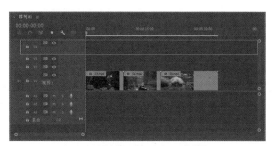

图 5-68 添加视频轨道后的效果

5.4.2 删除轨道

在删除轨道之前，需要先确定是删除目标轨道还是空轨道。如果要删除一个目标轨道，应先将该轨道选中，然后选择"序列"|"删除轨道"命令，或者右击轨道名称并从弹出的快捷菜单中选择"删除轨道"命令，打开"删除轨道"对话框，如图5-69所示。在该对话框中可以选择删除空轨道、目标轨道或者音频子混合轨道，在删除轨道的列表框中还可以选择要删除的某一个轨道，如图5-70所示。

图 5-69 "删除轨道"对话框

图 5-70 选择要删除的轨道

5.4.3 重命名轨道

要重命名一个音频或视频轨道，应首先展开该轨道并显示其名称，然后右击轨道名称，在出现的快捷菜单中选择"重命名"命令，如图5-71所示，再对轨道进行重命名，完成后按下Enter键即可，如图5-72所示。

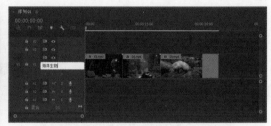

图 5-71　选择"重命名"命令　　　　　　　　图 5-72　重命名视频轨道

5.4.4　锁定与解锁轨道

在进行视频编辑时，对当前暂时不需要进行操作的轨道进行锁定，可以避免因轨道选择错误而导致视频编辑错误。选择需要锁定的轨道，然后单击轨道前方的"切换轨道锁定"按钮，如图5-73所示，此时该按钮将变成锁定状态，轨道上将出现斜线图形，表示该轨道已被锁定而无法进行操作，如图5-74所示。

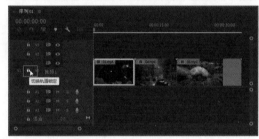

图 5-73　单击"切换轨道锁定"按钮　　　　　　图 5-74　锁定视频轨道

5.5　嵌套序列

在"时间轴"面板中放置两个序列之后，可以将一个序列复制到另一个序列中，或者编辑一个序列并将其嵌套到另一个序列中。

【练习5-10】创建嵌套序列。

01 新建一个项目，在"项目"面板中导入"03.mp4""04.mp4""05.mp4"和"06.mp4""07.mp4"素材，如图5-75所示。

02 选择"文件"|"新建"|"序列"命令，新建一个名为"动物"的序列，将素材"06.mp4"和"07.mp4"添加到视频1轨道中，如图5-76所示。

03 新建一个名为"生物"的序列，将素材"03.mp4""04.mp4"和"05.mp4"添加到"生物"序列的视频1轨道中，如图5-77所示。

04 将生成在"项目"面板中的"动物"序列以素材的形式拖入"生物"序列的视频轨道2中，即可将"动物"序列嵌套在"生物"序列中，如图5-78所示。

图 5-75　导入素材

图 5-76　在"动物"序列中添加素材

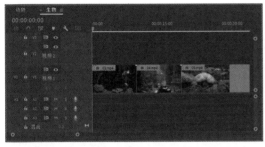

图 5-77　在"生物"序列中添加素材

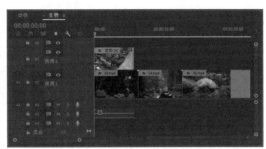

图 5-78　创建嵌套序列

05 选择"生物"序列中的嵌套序列，然后选择"剪辑"|"嵌套"命令，打开"嵌套序列名称"对话框，为嵌套序列命名，如图5-79所示。

06 单击"确定"按钮，即可对嵌套序列重命名，如图5-80所示。

图 5-79　为嵌套序列命名

图 5-80　重命名嵌套序列

❖ 注意：

　　嵌套的一个优点是：可将序列在"时间轴"面板中嵌套多次，重复使用编辑过的序列。每次将一个序列嵌套到另一个序列中时，可以对其进行修整并更改该序列的切换效果。当将一个效果应用到嵌套序列时，Premiere会将该效果应用到序列中的所有素材中，这样能够方便地将同一效果应用到多个素材中。

5.6 多机位序列

Premiere软件中提供的多机位序列编辑功能，可以最多同时编辑4部摄像机所拍摄的内容。完成一次多机位编辑后，还可以返回到这个序列，并且很容易就能够将一个机位拍摄的影片替换成另一个机位拍摄的影片。

将影片导入Premiere后，即可进行一次多机位编辑。Premiere可以创建最多源自4个视频源的多机位素材。

【练习5-11】建立多机位序列。

01 新建一个项目，然后选择"文件"|"新建"|"序列"命令，在"新建序列"对话框中设置视频轨道数为4，如图5-81所示。

02 在"项目"面板中导入素材"06.mp4""07.mp4""08.mp4"和"09.mp4"，然后将各素材分别添加到"时间轴"面板中不同的视频轨道中，如图5-82示。

图 5-81　设置视频轨道数为4　　　　　　图 5-82　将素材添加到视频轨道中

03 使用选择工具同时选择序列中的4个素材，然后选择"剪辑"|"同步"命令，打开"同步剪辑"对话框，设置"时间码"参数并单击"确定"按钮，如图5-83所示。

04 选择"文件"|"新建"|"序列"命令，创建一个作为目标序列的新序列(用于记录最终编辑结果)，然后将带有同步视频的源序列从"项目"面板拖到目标序列的一个轨道中，从而将源序列嵌入目标序列中，如图5-84所示。

图 5-83　"同步剪辑"对话框

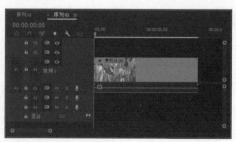

图 5-84　将源序列嵌入目标序列中

"同步剪辑"对话框中各选项的作用如下。

- 剪辑开始：选择该选项，可以同步素材的入点。
- 剪辑结束：选择该选项，可以同步素材的出点。
- 时间码：在时间码读数中单击并拖动，或者通过键盘输入一个时间码。如果想要进行同步，只使用分、秒和帧即可，保持"忽略小时"复选框为选中状态。
- 剪辑标记：选择该选项，可以同步选中的素材标记。
- 音频：用于设置音频轨道的声道。

05 在"节目监视器"面板中右击，在弹出的快捷菜单中选择"显示模式"|"多机位"命令，如图5-85所示。

06 单击嵌入的序列将其选中，然后选择"剪辑"|"多机位"|"启用"命令，即可激活多机位编辑功能从而显示多机位效果，如图5-86所示。

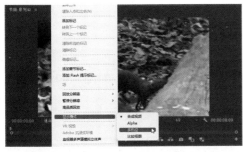

图 5-85　选择"多机位"命令

图 5-86　多机位效果

> ❖ 注意：
>
> 只有在"时间轴"面板中选中了嵌入的序列，才能执行"剪辑"|"多机位"|"启用"命令。

5.7　本章小结

本章介绍了Premiere Pro 2024中"时间轴"面板和序列的相关知识。视频编辑的重点便是创建序列，然后在序列中对素材进行操作。读者需要重点掌握序列的创建与设置、在序列中编辑素材，以及如何添加和删除视频、音频轨道等内容。

5.8　思考与练习

1. 新建的序列会作为一个新的选项卡自动添加到_____面板中。

2. 将素材添加到"时间轴"面板的序列中后，即可在_____中预览素材效果。

3. 在"时间轴"面板中移动当前时间指示器时，在当前时间码显示框中会指示_____

所在的时间位置。

4. 在"时间轴"面板中单击时间码显示框，然后输入21500，再按Enter键，可以将时间指示器移到_____的时间位置。

5. 在"时间轴"面板中打开_____功能后，将一个素材向另一个邻近的素材拖动时，它们会自动吸附在一起，这可以防止素材之间出现时间间隙。

6. 在"时间轴"面板中单击视频轨道左侧的图标，该轨道将出现灰色的斜线，表示已经将该轨道_____。

7. 如何使用其他素材覆盖已经添加到序列轨道中的素材？

8. 如何在序列轨道中将一个素材或一组选中的素材拖到新位置，同时移除原素材位置的间隙？

9. 如何删除"时间轴"面板中素材间留有的间隙？

10. 如何创建嵌套序列？嵌套的优点是什么？

11. 多机位序列可以最多同时编辑多少部摄像机所拍摄的内容？

12. 新建一个项目，导入素材，如图5-87所示。然后新建一个序列，并将素材添加到"时间轴"面板的视频1轨道中，设置序列中素材的持续时间为1秒，如图5-88所示。

图 5-87　在"项目"面板中导入素材　　　　图 5-88　在序列中添加素材并修改持续时间

第6章

视频编辑高级技术

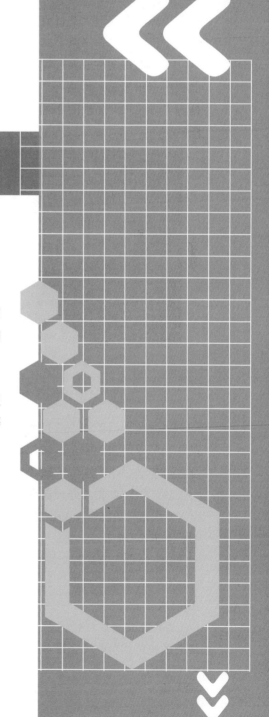

Premiere的视频编辑功能十分强大，使用Premiere的选择工具就可以编辑整个项目。但是，如果要进行精确编辑，还需要使用Premiere更深层次的编辑功能。

本章将介绍应用Premiere的监视器面板、"工具"面板的编辑工具、在"时间轴"面板中设置关键帧、在"时间轴"面板中设置入点和出点、主素材和子素材等内容。

6.1 应用监视器面板

在编辑视频的过程中，需要在屏幕上打开源监视器和节目监视器，以便查看源素材(将在节目中使用的素材)和节目素材(放置在"时间轴"面板序列中的素材)的效果。

6.1.1 监视器面板

"源监视器""节目监视器""参考监视器"面板不仅可以在工作时预览作品，还可以用于精确编辑和修整素材。

可以在将素材放入视频序列之前，使用"源监视器"面板修整这些素材。在"项目"面板中双击素材，即可在"源监视器"面板中显示该素材的效果，如图6-1所示。将素材拖入"时间轴"面板的序列中，可以在"节目监视器"面板中显示序列中的素材效果，如图6-2所示。

图 6-1 "源监视器"面板

图 6-2 "节目监视器"面板

6.1.2 查看安全区域

"源监视器"和"节目监视器"面板都允许查看安全区域。监视器的安全框用于显示动作和字幕所在的安全区域。这些框指示图像区域在监视器的视图区域内是安全的，包括那些可能被扫描的图像区域。

【练习6-1】查看监视器面板中的安全框。

01 启动Premiere Pro 2024应用程序，新建一个项目，然后在"项目"面板中导入素材，如图6-3所示。

02 双击"项目"面板中的素材，在"源监视器"面板中显示素材，如图6-4所示。

03 在"源监视器"面板中右击，在弹出的快捷菜单中选择"安全边距"命令，如图6-5所示。

04 当安全区域的边界显示在监视器中时，内部安全区域就是字幕安全区域，而外部安全区域则是动作安全区域，如图6-6所示。

图 6-3 导入视频素材

图 6-4 在"源监视器"面板中显示素材

图 6-5 选择"安全边距"命令

图 6-6 显示安全区域

6.1.3 在"源监视器"面板中选择素材

"源监视器"面板顶部显示了素材的名称。如果"源监视器"面板中有多个素材，则可以在"源监视器"面板中单击标题按钮 ，在打开的下拉列表中选择素材进行切换，如图6-7所示。选择的素材将会出现在"源监视器"面板中，如图6-8所示。

图 6-7 选择素材

图 6-8 切换素材

6.1.4 素材的帧定位

在“源监视器”面板中可以精确地查找素材片段的每一帧，具体而言，可以进行如下一些操作。

- 在“源监视器”面板左下方的时间码文本框中单击，将其激活为可编辑状态，输入需要跳转到的准确时间，如图6-9所示。然后按Enter键进行确认，即可精确地定位到指定的帧位置，如图6-10所示。

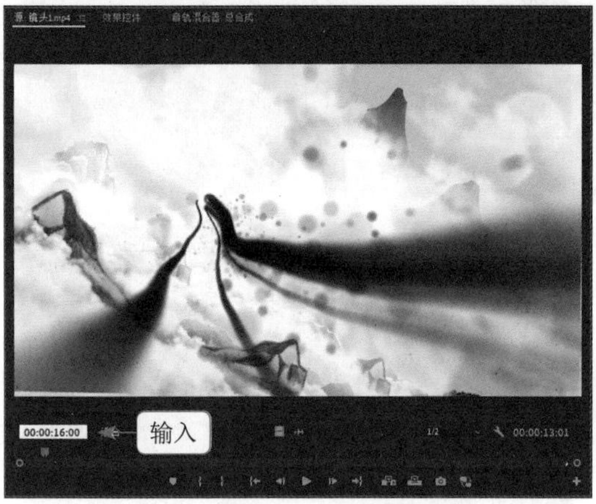

图 6-9 输入要跳转到的帧位置

图 6-10 帧定位

- 单击“前进一帧”按钮，可以使画面向前移动一帧。如果按住Shift键的同时单击该按钮，可以使画面向前移动5帧。
- 单击“后退一帧”按钮，可以使画面向后移动一帧。如果按住Shift键的同时单击该按钮，可以使画面向后移动5帧。
- 直接拖动当前时间指示器到要查看的位置。

6.1.5 在“源监视器”面板中修整素材

由于采集的素材包含的影片总是多于所需的影片，因此在将素材放到“时间轴”面板中的某个视频序列中时，可能需要先在“源监视器”面板中设置素材的入点和出点，从而节省在“时间轴”面板中编辑素材的时间。

【练习6-2】设置源素材的入点和出点。

01 在“项目”面板中导入素材文件，并在“源监视器”面板中显示素材。

02 将时间指示器移到需要设置为入点的位置，选择“标记”|“标记入点”命令，或者在“源监视器”面板中单击“标记入点”按钮，如图6-11所示，即可为素材设置入点。将时间指示器从入点位置移开，可看到入点处的左括号标记，如图6-12所示。

03 将时间指示器移到需要设置为出点的位置，然后选择“标记”|“标记出点”命令，或者单击“标记出点”按钮，如图6-13所示，即可为素材设置出点。将时间指示器从出点位置移开，可看到出点处的右括号标记，如图6-14所示。

图 6-11 设置入点

图 6-12 入点标记

图 6-13 设置出点

图 6-14 出点标记

❖ 注意：

在设置入点和出点之后，"源监视器"面板右边的时间指示是从入点到出点的持续时间，用户可以通过拖动入点和出点标记来编辑入点和出点的位置。

04 单击"源监视器"面板右下方的"按钮编辑器"按钮 ，在弹出的面板中将"从入点播放到出点"按钮 拖到"源监视器"面板下方的工具按钮栏中，如图6-15所示。

05 在"源监视器"面板中单击添加的"从入点播放到出点"按钮 ，可以在"源监视器"面板中预览素材在入点和出点之间的视频，如图6-16所示。

图 6-15 添加工具按钮

图 6-16 播放入点到出点间的视频

6.1.6　应用素材标记

如果想返回素材中的某个特定帧，可以设置一个标记作为参考点。在"源监视器"面板或时间轴序列中，标记显示为三角形。

【练习6-3】设置素材标记。

01　在"项目"面板中导入素材，然后双击素材将其显示在"源监视器"面板中。

02　将"源监视器"面板的当前时间指示器移到第2秒，然后单击"标记入点"按钮，即可在该位置添加一个入点，如图6-17所示。

03　将"源监视器"面板的当前时间指示器移到第8秒，然后单击"标记出点"按钮，即可在该位置添加一个出点，如图6-18所示。

图6-17　设置入点

图6-18　设置出点

04　选择"标记"|"转到入点"命令，或单击"源监视器"面板中的"转到入点"按钮，即可返回素材的入点标记，如图6-19所示。

05　选择"标记"|"转到出点"命令，或单击"源监视器"面板中的"转到出点"按钮，即可返回素材的出点标记，如图6-20所示。

图6-19　单击"转到入点"按钮

图6-20　单击"转到出点"按钮

06　单击"源监视器"面板右下方的"按钮编辑器"按钮，在弹出的面板中将"添加标记"按钮、"转到上一标记"按钮和"转到下一标记"按钮拖到"源监视器"面板下方的工具按钮栏中，如图6-21所示。

07　将时间指示器移到第12秒，选择"标记"|"添加标记"命令，或单击"添加标记"按钮，即可在该位置添加一个标记，标记会出现在时间标尺上方，如图6-22所示。

图 6-21 添加按钮

图 6-22 添加标记

08 分别在第5秒和第9秒的位置添加一个标记，如图6-23所示。

09 选择"标记"|"转到上一标记"命令，或单击"转到上一标记"按钮，即可将时间指示器移到上一个标记位置，如图6-24所示。

图 6-23 添加两个标记

图 6-24 转到上一标记

10 选择"标记"|"转到下一标记"命令，或单击"转到下一标记"按钮，即可将时间指示器移到下一个标记位置，如图6-25所示。

11 选择"标记"|"清除所选标记"命令，可以清除当前时间指示器所在位置的标记，如图6-26所示。

图 6-25 转到下一标记

图 6-26 清除当前标记

12 选择"标记"|"清除所有标记"命令，可以清除所有的标记，如图6-27所示。

13 选择"标记"|"清除入点"命令,可以清除设置的入点;选择"标记"|"清除入点和出点"命令,可以清除设置的入点和出点,如图6-28所示。

图6-27 清除所有标记 图6-28 清除入点和出点

6.2 应用Premiere工具

在"工具"面板中,合理使用其中的编辑工具,可以快速编辑素材的入点和出点。Premiere的编辑工具如图6-29所示。

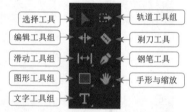

图6-29 "工具"面板

6.2.1 选择工具

选择工具 ▶ 在编辑素材中是最常用的工具,可以对素材进行选择、移动,也可以选择并调节素材的关键帧,还可以在"时间轴"面板中通过拖动素材的入点和出点,为素材设置入点和出点,图6-30和图6-31所示的是使用选择工具设置素材入点的前后对比效果。

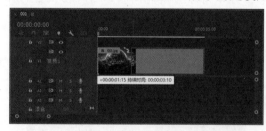

图6-30 拖动素材入点 图6-31 修改素材入点后的效果

6.2.2 编辑工具组

单击编辑工具组右下角的三角形按钮,可以展开并选择该组中的工具,其中包含了波纹编辑工具、滚动编辑工具、比率拉伸工具和重新混合工具,如图6-32所示。

图6-32 编辑工具组

1. 波纹编辑工具

使用"波纹编辑工具" 可以编辑一个素材的入点和出点，而不影响相邻的素材。在减小前一个素材的出点时，Premiere会将下一个素材向左拉近，而不改变下一个素材的入点，这样就改变了整个作品的持续时间。

【练习6-4】波纹编辑素材的入点或出点。

01 新建一个项目和序列，然后将素材"01.mp4"和"02.mp4"导入"项目"面板中，如图6-33所示。

02 将"01.mp4"和"02.mp4"素材添加到时间轴的视频1轨道中，如图6-34所示。

图 6-33　导入素材

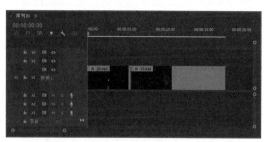

图 6-34　在视频 1 轨道中添加素材

03 单击"工具"面板中的"波纹编辑工具"按钮 ，或按B键选择波纹编辑工具。将光标移到要修整素材的出点处，单击并向左拖动以减小当前素材的长度，如图6-35所示。

04 改变第一个素材的出点后，相邻素材将向左移动，与左边的素材连接在一起，其持续时间将保持不变，整个序列的持续时间将发生改变，如图6-36所示。

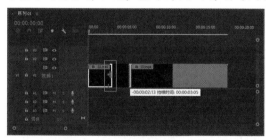

图 6-35　向左拖动前面素材的出点

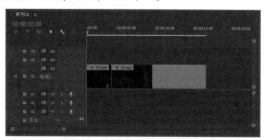

图 6-36　波纹编辑素材后的效果

2. 滚动编辑工具

在"时间轴"面板中，使用"滚动编辑工具" 单击并拖动一个素材的边缘，可以修改素材的入点或出点。当单击并拖动边缘时，下一个素材的持续时间会根据前一个素材的变动自动调整。例如，如果第一个素材增加5帧，那么就会从下一个素材减去5帧。这样，使用"滚动编辑工具"编辑素材时，则不会改变所编辑节目的持续时间。

【练习6-5】滚动编辑素材的入点和出点。

01 新建一个项目和序列，将素材"03.mp4"和"04.mp4"导入"项目"面板中。

02 在"项目"面板中分别双击两个素材的图标，使其在"源监视器"面板中显示，然后分别为这两个素材设置入点和出点，如图6-37和图6-38所示。

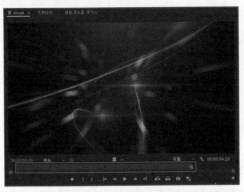

图 6-37 设置入点和出点 (一)

图 6-38 设置入点和出点 (二)

03 将设置了入点和出点后的两个素材依次拖到"时间轴"面板的视频1轨道中，并使它们连接在一起，如图6-39所示。

04 单击"工具"面板中的"滚动编辑工具"按钮，或按N键选择滚动编辑工具，然后将光标移到两个邻接素材的边界处，如图6-40所示。

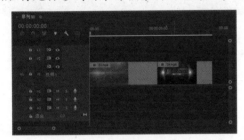

图 6-39 在轨道中添加素材

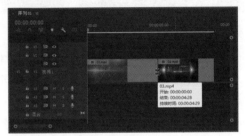

图 6-40 移动光标至两个邻接素材的边界处

05 按住鼠标并拖动素材即可修整素材。向右拖动边界，会增加第一个素材的出点，并减小后一个素材的入点，如图6-41所示。在"节目监视器"面板中会显示编辑入点和出点时的预览效果，如图6-42所示。

图 6-41 向右拖动边界

图 6-42 编辑入点和出点时的预览效果 (一)

06 向左拖动边界，会减小第一个素材的出点，并增加后一个素材的入点，如图6-43所示。在"节目监视器"面板中会显示编辑入点和出点时的预览效果，如图6-44所示。

3. 比率拉伸工具

"比率拉伸工具"用于对素材的速度进行相应的调整，从而达到改变素材长度的目的。

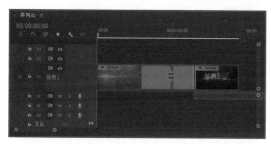

图 6-43 向左拖动边界

图 6-44 编辑入点和出点时的预览效果(二)

4. 重新混合工具

使用"重新混合工具" 时,系统会读取当前音乐每个节拍的几种特质,以进行分析、比较,再重新混合,从而创建连贯且无缝衔接的重新混合声音。

6.2.3 滑动工具组

滑动工具组中包含了外滑工具和内滑工具,这两种工具的作用如下。

1. 外滑工具

使用"外滑工具" 可以改变夹在另外两个素材之间的素材的入点和出点,而且保持中间素材的原有持续时间不变。单击并拖动素材时,素材左右两边的素材不会改变,序列的持续时间也不会改变。

【练习6-6】外滑编辑素材的入点和出点。

01 新建一个项目,将素材"02.mp4""03.mp4"和"04.mp4"导入"项目"面板中。

02 选择"文件"|"新建"|"序列"命令,新建一个序列。

03 在"项目"面板中双击素材"04.mp4"的图标,然后在"源监视器"面板中设置该素材的入点和出点,如图6-45所示。

04 将3个素材拖到"时间轴"面板的视频1轨道中,其中的"04.mp4"素材会自动以"源监视器"面板中设置好出入点的素材添加到视频1轨道中,如图6-46所示。

图 6-45 设置入点和出点

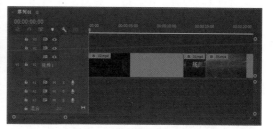

图 6-46 在视频1轨道中添加素材

05 单击"工具"面板中的"外滑工具"按钮 ↔，或按Y键选择外滑工具，然后按住鼠标并拖动视频1轨道中的中间素材，可以改变选中素材的入点和出点，如图6-47所示。此时，中间素材的入点和出点发生了变化，而整个序列的持续时间没有改变，如图6-48所示。

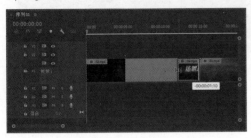
图 6-47　将中间的素材向左拖动

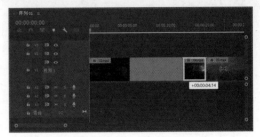
图 6-48　改变中间素材的出入点

> **❖ 注意：**
>
> 虽然"外滑工具"通常用来编辑两个素材之间的素材，但即使一个素材不位于另外两个素材之间，也可以使用外滑工具编辑它的入点和出点。

2. 内滑工具

与外滑工具类似，"内滑工具" ⊟ 也用于编辑序列中位于两个素材之间的素材。不过在使用"内滑工具" ⊟ 进行拖动的过程中，会保持中间素材的入点和出点不变，但会改变相邻素材的持续时间。

滑动编辑素材的出点和入点时，向右拖动增加前一个素材的出点，而使后一个素材的入点发生延后。向左拖动减小前一个素材的出点，而使后一个素材的入点发生提前。这样，所编辑素材的持续时间和整个节目的持续时间没有改变。

【练习6-7】内滑编辑素材的入点和出点。

01 新建一个项目和序列，然后将素材"02.mp4""03.mp4"和"04.mp4"导入"项目"面板中。

02 先设置各个素材的入点和出点，然后将3个素材依次拖到"时间轴"面板的视频1轨道中，并使它们的出点和入点对齐，如图6-49所示。

03 单击"工具"面板中的"内滑工具"按钮 ⊟，或按U键选择内滑工具，然后按住鼠标并拖动位于两个素材之间的素材，以调整素材的入点和出点。向左拖动可以缩短前一个素材并加长后一个素材，如图6-50所示。

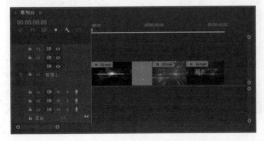
图 6-49　在视频1轨道中添加素材

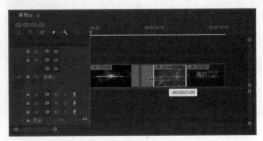
图 6-50　向左拖动素材

04 向右拖动可以加长前一个素材的持续时间并缩短后一个素材的持续时间，如图6-51所示，"节目监视器"面板中显示了对所有素材的影响，而整个序列的持续时间没变，如图6-52所示。

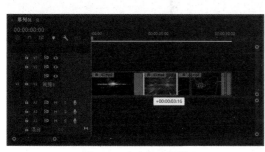

图 6-51 向右拖动素材

图 6-52 预览效果

6.2.4 钢笔工具

使用"钢笔工具" <img>可以在"节目监视器"面板中绘制图形，也可以在"时间轴"面板中设置素材的关键帧。

○ 绘制图形：使用钢笔工具可以在"节目监视器"面板中绘制图形，如图6-53所示，在"时间轴"面板的空轨道中会自动生成图形素材，如图6-54所示。

图 6-53 绘制图形

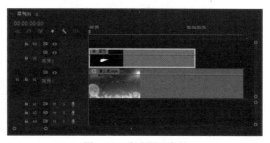

图 6-54 生成图形素材

○ 设置素材的关键帧：首先在"时间轴"面板中显示素材的关键帧，然后选择钢笔工具，将光标移到要添加关键帧的位置，此时鼠标指针的右下方有一个加号"+"，单击鼠标即可添加一个关键帧，如图6-55所示。使用钢笔工具拖动关键帧，还可以修改关键帧的位置，如图6-56所示。

❖ **注意:**

在后面的章节中将详细介绍显示关键帧控件和设置关键帧类型的操作。

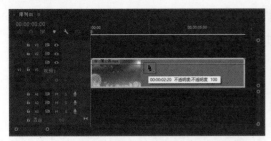
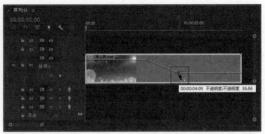

图 6-55　添加关键帧　　　　　　　　　　图 6-56　移动关键帧

6.2.5　图形工具组

图形工具组中默认工具为矩形工具，单击工具组右下角的三角形按钮，可以展开该组中的工具，其中包含了矩形工具、椭圆工具和多边形工具，如图6-57所示。

1. 矩形工具

单击图形工具组的下拉按钮，然后选择矩形工具，可以在"节目监视器"面板中绘制矩形，如图6-58所示，并在"时间轴"面板的空轨道中自动生成图形素材。

图 6-57　图形工具组　　　　　　　　　　图 6-58　绘制矩形

2. 椭圆工具

在图形工具组中选择椭圆工具，可以在"节目监视器"面板中绘制椭圆形，如图6-59所示，并在"时间轴"面板的空轨道中自动生成图形素材。

3. 多边形工具

在图形工具组中选择多边形工具，可以在"节目监视器"面板中绘制多边形(如图6-60所示)，并在"时间轴"面板的空轨道中自动生成图形素材。

图 6-59　绘制椭圆　　　　　　　　　　图 6-60　绘制多边形

使用"多边形工具"绘制图形时，默认情况下绘制的图形为三角形，如果要绘制其他多边形，可以打开"基本图形"面板，在"对齐并变换"选项组中修改多边形的边数，如图6-61所示，从而绘制其他多边形，图6-62所示的是五边形的效果。

图 6-61 修改多边形的边数

图 6-62 绘制五边形

6.2.6 文字工具组

文字工具组中包含了文字工具和垂直文字工具。文字工具用于创建横排文字；垂直文字工具用于创建垂直文字。有关文字的应用将在后面章节中详细讲解。

6.2.7 其他工具

除了前面介绍的工具，"工具"面板中还包括轨道选择工具、剃刀工具、手形工具和缩放工具等，各个工具的功能如下。

- ○ 向前选择轨道工具：展开轨道工具组，可以选择该工具。使用该工具在某一轨道中单击鼠标，可以选择该轨道中光标及其右侧的所有素材。
- ○ 向后选择轨道工具：展开轨道工具组，可以选择该工具。使用该工具在某一轨道中单击鼠标，可以选择该轨道中光标及其左侧的所有素材。
- ○ 剃刀工具：用于分割素材。选择剃刀工具后单击素材，可将素材分为两段，每段素材将产生新的入点和出点。
- ○ 手形工具：用于改变"时间轴"面板的可视化区域，有助于编辑较长的素材。
- ○ 缩放工具：单击手形工具组右下角的三角形按钮，展开该工具组，可以选择缩放工具。该工具用来调整"时间轴"面板中时间单位的显示比例。按Alt键，可以在放大和缩小模式间进行切换。

6.3 在序列中设置入点和出点

当熟悉如何选择"时间轴"面板中的素材后，即可轻松设置序列中素材的入点和出点。用户可以通过"选择工具"或使用标记命令为序列中的素材设置入点和出点。

6.3.1 拖动设置素材的入点和出点

在"时间轴"面板中设置素材的入点和出点，可以改变素材输出为影片后的持续时间。使用"选择工具"可以快速调整素材的入点和出点。

【练习6-8】设置序列素材的入点和出点。

01 新建一个项目和序列，然后在"项目"面板中导入两个素材，并将"项目"面板中的素材添加到"时间轴"面板的视频轨道中，如图6-63所示。

02 设置素材的入点：单击"工具"面板中的"选择工具"按钮█，将光标移到"时间轴"面板中素材的左边缘(入点)，选择工具将变为一个向右的边缘图标，如图6-64所示。

图6-63　在时间轴中添加素材

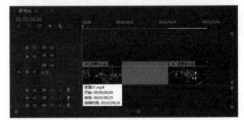

图6-64　移动光标到素材的左边缘

03 单击并按住鼠标左键，然后向右拖动鼠标到想作为素材入点的地方，即可设置素材的入点。在拖动素材左边缘(入点)时，时间码读数会显示在该素材的下方，如图6-65所示。松开鼠标左键，即可完成在"时间轴"面板中设置素材的入点操作，如图6-66所示。

图6-65　拖动素材的入点

图6-66　更改素材的入点

04 设置素材的出点：选择"选择工具"█后，将光标移到"时间轴"面板中素材的右边缘(出点)，此时选择工具将变为一个向左的边缘图标。

05 单击并按住鼠标左键，然后向左拖动鼠标到想作为素材出点的地方，即可设置素材的出点，如图6-67所示。松开鼠标左键，即可完成在"时间轴"面板中设置素材的出点操作，如图6-68所示。

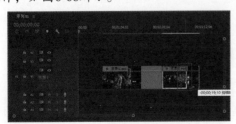

图6-67　拖动素材的出点

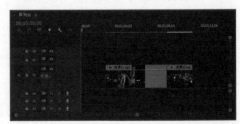

图6-68　更改素材的出点

在"源监视器"面板中修改素材的入点和出点，即修改"项目"面板中素材的入点和出点；在"时间轴"面板中修改素材的入点和出点，并不会影响"项目"面板中素材的入点和出点。

6.3.2　切割编辑素材

使用"工具"面板中的"剃刀工具"可以将素材切割成两段，从而可快速设置素材的入点和出点，并且可以将不需要的部分删除。

【练习6-9】切割素材。

01 新建一个项目和序列，并在"项目"面板和"时间轴"面板中添加素材。

02 将当前时间指示器移到想要切割素材的位置，在"时间轴"面板中开启"对齐"功能按钮■，如图6-69所示。

03 在"工具"面板中选择"剃刀工具"■，在时间指示器位置单击，如图6-70所示，即可在时间指示器位置切割目标轨道上的素材，效果如图6-71所示。

图6-69　启用"对齐"功能　　　　图6-70　单击切割素材

在"时间轴"面板中启用"对齐"按钮后，在"时间轴"面板中修改素材的入点和出点时，可以自动对齐当前的时间指示器。

04 在"工具"面板中选择"选择工具"■，然后在"时间轴"面板中选择前半部分的素材，按Delete键，即可将所选择部分的素材删除，如图6-72所示。

　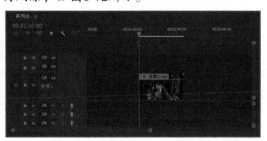

图6-71　切割素材后的效果　　　　图6-72　删除前半部分的素材

6.3.3 设置序列的入点和出点

对序列设置入点和出点后，在渲染输出项目时，可以只渲染入点到出点间的内容。使用菜单中的"标记"|"标记入点"和"标记"|"标记出点"命令，可以设置"时间轴"面板中序列的入点和出点。

【练习6-10】设置序列入点和出点。

01 新建一个项目和序列，在"项目"面板中导入两个素材，并添加到"时间轴"面板的视频轨道中。

02 将当前时间指示器拖到要设置为序列入点的位置，如图6-73所示。

03 选择"标记"|"标记入点"命令，时间轴标尺线上的相应时间位置即可出现一个"入点"图标，如图6-74所示。

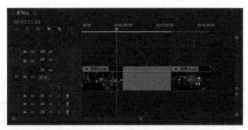
图6-73　确定序列入点的位置

图6-74　标记入点

04 将当前时间指示器拖到要设置为序列出点的位置，选择"标记"|"标记出点"命令，时间轴标尺线上的相应时间位置即可出现一个"出点"图标，如图6-75所示。

05 为当前序列设置好入点和出点之后，可以通过在"时间轴"面板中拖动入点和出点对其进行修改，图6-76所示为修改入点标记后的效果。

图6-75　标记出点

图6-76　修改入点标记后的效果

6.4 在"时间轴"面板中设置关键帧

在"时间轴"面板中编辑视频效果时，通常需要添加和设置关键帧，从而得到不同的视频效果。本节将介绍设置关键帧的方法。

6.4.1 显示关键帧控件

在默认状态下，"时间轴"面板中没有显示关键帧控件的区域，用户可以通过在轨道左侧空白处进行双击(如图6-77所示)，来折叠或展开关键帧控件区域，如图6-78所示。

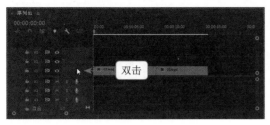

图6-77 在轨道左侧进行双击

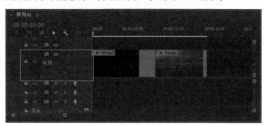

图 6-78 显示关键帧控件

6.4.2 设置关键帧类型

关键帧包括运动、不透明度和时间重映射3种类型。在"时间轴"面板中右击素材，在弹出的快捷菜单中选择"显示剪辑关键帧"命令，在子菜单中可以选择要显示的关键帧类型，如图6-79所示；也可以在"时间轴"面板中右击素材的特效图标 ![图标]，在弹出的快捷菜单中选择关键帧的类型，如图6-80所示。

图 6-79 使用右键菜单设置关键帧类型

图 6-80 右击特效图标设置关键帧类型

6.4.3 添加和删除关键帧

在轨道关键帧控件区单击"添加-移除关键帧"按钮 ![图标]，可以在轨道的效果图形线中添加或删除关键帧。

○ 选择要添加关键帧的素材，然后将当前时间指示器移到想要关键帧出现的位置，单击"添加-移除关键帧"按钮 ![图标] 即可添加关键帧，如图6-81所示。

○ 选择要删除关键帧的素材，然后将当前时间指示器移到要删除的关键帧处，单击"添加-移除关键帧"按钮 ![图标] 即可删除关键帧。

○ 单击"转到上一关键帧"按钮 ![图标]，可以将时间指示器移到上一个关键帧的位置。

○ 单击"转到下一关键帧"按钮 ![图标]，可以将时间指示器移到下一个关键帧的位置。

6.4.4 移动关键帧

在轨道的效果图形线中选择关键帧，然后直接拖动关键帧，可以移动关键帧的位置。通过移动关键帧，可以修改关键帧所处的时间位置，还可以修改素材对应的效果。例如，设置关键帧的类型为"缩放"时，调整关键帧可以修改素材的缩放大小。

❖ **注意：**

　　音频轨道同视频轨道一样，拖动轨道边界，即可展开关键帧控制面板，在此可以设置整个轨道的关键帧及音量，如图6-82所示。

　　如果选择显示素材或整个轨道的音量设置，则在创建关键帧的音频特效之后，特效名称将出现在"时间轴"面板中的音频特效图形线中的一个下拉列表中。在此下拉列表中选择该特效之后，可以单击或拖动其在"时间轴"面板中的关键帧以对其进行调整。

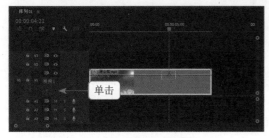
图 6-81　添加轨道关键帧

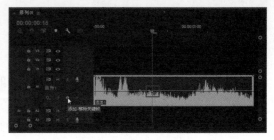
图 6-82　设置音频关键帧

【练习6-11】设置不透明度关键帧。

　01 新建一个项目和序列，然后在"项目"面板中导入素材对象。

　02 将"项目"面板中的素材添加到序列的轨道中，如图6-83所示。

　03 将光标移到时间轴视频1轨道左方的空白处进行双击，展开轨道关键帧控件区域，如图6-84所示。

图 6-83　添加素材

图 6-84　展开轨道关键帧控件区域

　04 在视频轨道中的素材上右击，在弹出的快捷菜单中选择"显示剪辑关键帧"|"不透明度"|"不透明度"命令，设置关键帧的类型，如图6-85所示。

　05 将时间指示器移到素材的入点处，然后单击"添加-移除关键帧"按钮◇，即可在轨道中的素材上添加一个关键帧，如图6-86所示。

图 6-85　设置关键帧类型

图 6-86　添加关键帧

06 移动时间指示器，然后单击"添加-移除关键帧"按钮 ，在其他两个位置各添加一个关键帧，如图6-87所示。

07 将光标移到中间的关键帧上，然后按住鼠标左键，将该关键帧向下拖动，可以调整该关键帧的位置(即改变素材在该帧的不透明度)，如图6-88所示。

图 6-87 添加其他关键帧　　　　　　　　图 6-88 调整关键帧

08 在"节目监视器"面板中播放素材，可以预览到在不同的帧位置，素材的不透明度发生了变化，如图6-89所示。

图 6-89 预览影片效果

6.5 主素材和子素材

如果正在处理一个较长的视频项目，有效地组织视频和音频素材有助于确保工作效率，Premiere 可以在主素材中创建子素材，从而对主素材进行细分管理。

6.5.1 认识主素材和子素材

子素材是父级主素材的子对象，它们可以同时用在一个项目中，子素材与主素材同原始影片之间的关系如下。

○ 　主素材：当首次导入素材时，它会作为"项目"面板中的主素材。可以在"项目"面板中重命名和删除主素材，而不会影响原始的硬盘文件。

○ 　子素材：子素材是主素材的一个更短的、经过编辑的版本，但又独立于主素材。可以将一个主素材分解为多个子素材，并在"项目"面板中快速访问它们。如果从项目中删除主素材，它的子素材仍会保留在项目中。

在对主素材和子素材进行脱机和联机等操作时，将出现如下几种情况。

○ 如果使一个主素材脱机，或者从"项目"面板中将其删除，那么并未从磁盘中将素材文件删除，子素材和子素材实例仍然是联机的。

○ 如果使一个素材脱机并从磁盘中删除素材文件，那么子素材及其主素材将会脱机。

○ 如果从项目中删除子素材，那么不会影响主素材。

○ 如果使一个子素材脱机，那么它在时间轴序列中的实例也会脱机，但是其副本将会保持联机状态，基于主素材的其他子素材也会保持联机状态。

○ 如果重新采集一个子素材，那么它会变为主素材。子素材在序列中的实例被链接到新的子素材电影胶片，它们不再被链接到旧的子素材。

6.5.2　创建子素材

由于在时间轴中处理较短的素材比处理较长的素材效率更高，因此，在编辑素材时，可以通过创建子素材，提高在时间轴中处理素材的效率。在Premiere中创建子素材的方法如下。

【练习6-12】创建子素材。

01 在"项目"面板中导入一个视频素材(即主素材)，如图6-90所示。

02 双击主素材文件的图标，将该素材添加到"源监视器"面板中，如图6-91所示。

图 6-90　导入主素材

图 6-91　在"源监视器"面板中打开主素材

03 将"源监视器"面板的当前时间指示器移到期望的时间位置，然后单击"标记入点"按钮 ，添加一个入点标记，如图6-92所示。

04 将当前时间指示器移到期望的时间位置，然后单击"标记出点"按钮 ，添加一个出点标记，如图6-93所示。

图 6-92　为主素材设置入点

图 6-93　为主素材设置出点

05 选择"剪辑"|"制作子剪辑"命令,打开"制作子剪辑"对话框,为子素材输入一个名称,如图6-94所示。

06 在"制作子剪辑"对话框中单击"确定"按钮,即可在"项目"面板中创建一个子素材,如图6-95所示。

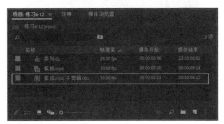

图6-94 输入子素材的名称　　　　　　　图6-95 创建子素材

6.5.3 编辑子素材

创建好子素材后,还可以对子素材的入点和出点进行编辑。在Premiere Pro 2024中编辑子素材的方法如下。

在"项目"面板中选择子素材对象,然后选择"剪辑"|"编辑子剪辑"命令,打开"编辑子剪辑"对话框,即可重新设置素材的开始时间(即入点)和结束时间(即出点),如图6-96所示。完成子素材入点和出点的编辑后,在"项目"面板中将显示编辑后的开始点(即入点)和结束点(即出点),如图6-97所示。

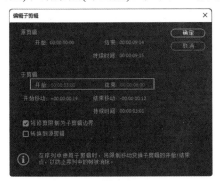

图6-96 重新设置素材的入点和出点　　　　图6-97 编辑后的入点和出点

6.5.4 将子素材转换为主素材

在创建好子素材后,还可以将子素材转换为主素材。在"项目"面板中选择子素材对象,然后选择"剪辑"|"编辑子剪辑"命令,在弹出的"编辑子剪辑"对话框中选中"转换到源剪辑"复选框,如图6-98所示,单击"确定"按钮,即可将子素材转换为主素材,其在"项目"面板中的图标将变为主素材图标,如图6-99所示。

图 6-98　选中"转换到源剪辑"复选框

图 6-99　转换子素材为主素材

6.6　本章小结

本章介绍了Premiere Pro 2024中比较复杂的编辑操作，读者需要掌握监视器面板和编辑工具的运用、在"时间轴"面板中编辑素材、设置关键帧、设置素材的入点和出点，以及认识和应用主素材与子素材等内容。

6.7　思考与练习

1. 监视器_____用于显示动作和字幕所在的安全区域。

2. 在监视器面板中，如果按住Shift键的同时单击"前进一帧"按钮，可以使画面向前移动_____帧。

3. 使用_____编辑工具可以编辑一个素材的入点和出点，而不影响相邻的素材。

4. 使用_____工具单击素材会将素材分为两段，每段素材将产生新的入点和出点。

5. 在Premiere Pro 2024中，如何显示轨道中的关键帧控件？

6. 如何将子素材转换为主素材？

7. 新建一个项目，导入素材，并将素材添加到视频轨道中，然后展开视频轨道，在其中添加关键帧并拖动关键帧的位置。

8. 新建一个项目，导入一个主素材，然后设置素材的入点和出点，将入点到出点间的素材创建为子素材。

第7章

创建文本

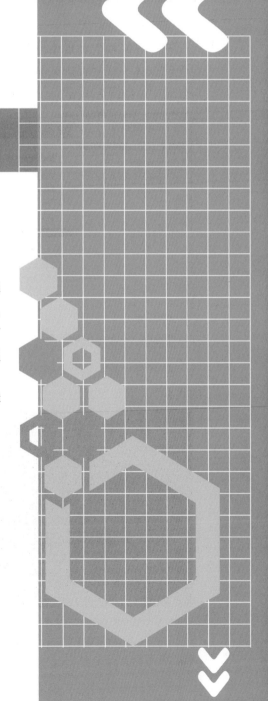

　　文本是影视制作中重要的信息表现元素，可以使影片显得更为完整，纯画面的信息不能完全取代文本信息的功能。文本作为影视制作中的一种通用工具，不仅可用于创建字幕和演职员表，还可用于创建动画合成，很多影视的片头和片尾都会用到精彩的字幕文本。

　　本章将针对文本的创建与设置，以及其应用进行详细讲解。

7.1 创建文本

文本不仅可以直接表述画面中所表达的内容，还可以丰富画面的效果。在Premiere Pro 2024中可以创建具有描边、阴影等效果的文本。

7.1.1 新建文本图层

在Premiere Pro 2024可以通过菜单命令和文字工具两种方式来创建文本图层。

1. 使用菜单命令

在"时间轴"面板中选择要创建文本的序列，然后选择"图形和标题"|"新建图层"|"文本"或"直排文本"命令，如图7-1所示，即可创建一个文本对象，并生成在视频轨道中，如图7-2所示。

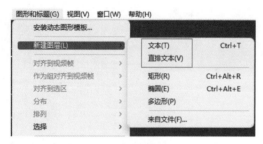

图 7-1　选择命令

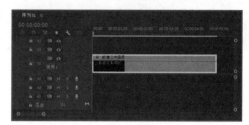

图 7-2　创建文本对象

❖ **注意:**

默认情况下，新建文本对象的持续时间为5秒，在"时间轴"面板中拖动文本的出点可以增加或缩短其持续时间。

在"节目监视器"面板中可以预览创建的文本效果，如图7-3所示，在文本处于激活的状态下，可以重新输入文字，修改文本的内容，如图7-4所示。

图 7-3　预览文本效果

图 7-4　修改文本内容

❖ **注意**：

创建好文本对象后，在序列中取消选择该文本对象，再次创建新的文本对象，可以重新创建一个文本对象，如图7-5所示；如果处于选择当前文本对象的状态下，再次创建新的文本对象，创建的文本将作为当前文本对象中的一个子图层，如图7-6所示。

图 7-5　创建新的文本图层

图 7-6　创建文本子对象

2. 使用文字工具

在"工具"面板中选择"文字工具" T，如图7-7所示，然后在"节目监视器"面板中单击，指定输入文本的位置，如图7-8所示。在指定输入文本的位置后，用户直接在"节目监视器"面板输入文本内容，即可创建一个文本对象，如图7-9所示。

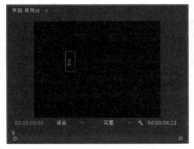

图 7-7　选择文本工具　　　　图 7-8　指定输入文本的位置　　　　图 7-9　创建文本对象

❖ **注意**：

选择"图形和标题"|"新建图层"|"直排文本"命令，或在"工具"面板中按住"文字工具"，在弹出的工具列表中选择"垂直文字工具"选项，如图7-10所示，可以创建垂直文本对象，如图7-11所示。

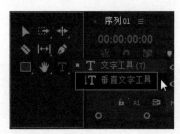

图 7-10 选择"垂直文字工具"

图 7-11 创建垂直文本对象

7.1.2 升级文本为素材

在 Premiere Pro 2024 中创建的文本只是存在于序列对象的视频轨道中，并没有作为素材存放在"项目"面板中，这种情况可以节省"项目"面板的空间，但不利于对创建的文本进行反复利用。如果要创建一些需要反复运用的文本，用户可以将这些文本升级为素材对象，保存在"项目"面板中。

在序列中选中文本对象，然后选择"图形和标题"|"升级为源图"命令(如图7-12所示)，即可将文本对象升级为素材，并以"图形"命名保存在"项目"面板中，如图7-13所示。

图 7-12 选择"升级为源图"命令

图 7-13 将文本升级为素材

7.1.3 文本图层分组

图层分组可以使"基本图形"面板的"编辑"选项卡变得整洁。在编辑复杂的文本和图形元素时，对图层进行分组将非常有用。对图层进行分组有如下两种方法。

- ○ 在"基本图形"面板中选择多个图层，然后单击"创建组"按钮(如图7-14所示)，即可将所选图层创建为一个组，如图7-15所示。
- ○ 在"基本图形"面板中选择多个图层，然后右击选定的图层，在弹出的快捷菜单中选择"创建组"命令(如图7-16所示)，即可将所选图层创建为一个组，如图7-17所示。

图7-14　单击"创建组"按钮

图7-15　创建组对象（一）

图7-16　选择"创建组"命令

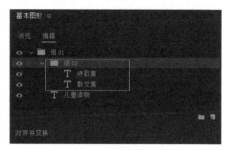

图7-17　创建组对象（二）

❖ 注意：

　　将图层拖到组文件夹中，可以将图层添加到该组中；将组文件夹拖到另一个组文件夹中，该组及其所有图层都将发生移动；将图层从组中拖出，可以取消该图层分组。

7.2　设置文本格式

　　创建好文本后，可以在"基本图形"面板的"编辑"选项卡中对文本的格式进行设置，如字体、字体样式、字体大小、对齐、字距、字形等基本属性。

7.2.1　设置文本字体和大小

　　在"基本图形"面板中选择"编辑"选项卡，然后在"文本"选项组中设置文本的字体，单击"字体"下拉列表框，在弹出的列表中可以选择所需字体，如图7-18所示；在"字体大小"文本框中输入字号，或是拖动右方的滑块，可以设置被选文字的大小，如图7-19所示。

图7-18　设置文字字体

图7-19　设置文字大小

7.2.2 设置文本对齐方式

使用"文本"选项组中的对齐工具，可以设置文本内容在文本框中的对齐方式，如左对齐、居中对齐、右对齐等。

○ 左对齐文本■：使文本内容在文本框中靠左端对齐，如图7-20所示。

○ 居中对齐文本■：使文本内容在文本框中居中对齐，如图7-21所示。

图 7-20　左对齐文本

图 7-21　居中齐文本

○ 右对齐文本■：使文本内容在文本框中靠右端对齐，如图7-22所示

○ 最后一行左对齐■：使文本最后一行在文本框中靠左端对齐，如图7-23所示。

图 7-22　右对齐文本

图 7-23　最后一行左对齐

○ 最后一行居中对齐■：使文本最后一行在文本框中居中对齐，如图7-24所示。

○ 最后一行两端对齐■：使文本最后一行在文本框中进行两端对齐，如图7-25所示。

图 7-24　最后一行居中对齐

图 7-25　最后一行两端对齐

○ 最后一行右对齐■：使文本最后一行在文本框中靠右端对齐，如图7-26所示。

○ 顶对齐文本■：使文本内容在文本框中靠顶端对齐，如图7-27所示。

图 7-26　最后一行右对齐

图 7-27　顶对齐文本

- 居中对齐文本垂直██：使文本内容在文本框中垂直居中对齐，如图7-28所示。
- 底对齐文本██：使文本内容在文本框中靠底端对齐，如图7-29所示。

图 7-28 垂直居中对齐文本

图 7-29 底对齐文本

7.2.3 设置文本间距

使用"文本"选项组中的间距工具，可以设置文本之间的距离，如字符间距、字符行距、基线位移等。

- 字距调整██：用于设置被选文字的字符间距，图7-30所示的是设置字距为400的效果。
- 字偶间距██：根据相邻字符的形状调整它们之间的间距，适用于罗马字形中。
- 行距██：用于调整被选文字的行间距，图7-31所示为设置行距为100的效果。
- 基线位移██：用于调整被选文字的基线。
- 制表符宽度██： 制表符用于设置对齐文本的位置。每按一次Tab键，就会插入一个制表符，其宽度默认为400。

图 7-30 字距调整

图 7-31 行距调整

7.2.4 设置文本字形

使用"文本"选项组中的字形工具，可以设置文本的字形，如加粗、斜体等。

- 仿粗体██：用于设置被选文字是否加粗，如图7-32所示。
- 仿斜体██：用于设置被选文字的倾斜度，如图7-33所示。

图 7-32 仿粗体

图 7-33 仿斜体

○ 全部大写字母 **TT**：将被选的英文都改为大写，如图7-34所示。
○ 小型大写字母 **Tt**：配合"全部大写字母"选项使用，调整转换后大写字母的大小，如图7-35所示。

图7-34　全部大写字母　　　　　　　　　　　　　　图7-35　小型大写字母

○ 上标 **T¹**/下标 **T₁**：将被选文字设置上标/下标形式，如图7-36所示。
○ 下画线 **T**：为被选文字添加下画线，如图7-37所示。

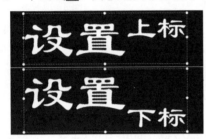

图7-36　设置上标 / 下标　　　　　　　　　　　　　图7-37　设置下画线

7.3　设置文本外观

在"基本图形"面板的"外观"选项组中可以设置文本的填充颜色、描边效果、背景效果和阴影效果等属性，如图7-38所示。

7.3.1　设置文本填充颜色

单击"填充"选项的色块，打开"拾色器"对话框，可以设置所选文本的填充颜色，如图7-39所示。

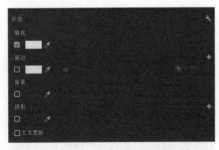
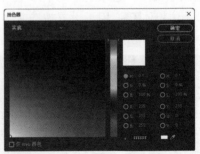

图7-38　"外观"选项组　　　　　　　　　　　　　图7-39　设置文本的填充颜色

在"拾色器"对话框的左上角单击"填充选项"下拉列表框，可以在弹出的列表中选择填充文本的方式，包括"实底""线性渐变"和"径向渐变"3种方式，如图7-40所示。图7-41所示为对文本进行填充的各种效果。

图 7-40 选择文本的填充方式

图 7-41 文本填充的各种效果

❖ **注意：**

在填充文本时，一定要选中"填充"选项组中的复选框，否则将无法填充文本；在填充文本时，也可以单击"填充"选项组中的"吸管"工具🖋，然后在屏幕中拾取所需颜色作为文本的填充颜色。

7.3.2 设置文本描边颜色

"描边"选项组用于对文字添加轮廓线，可以设置文字的内轮廓线和外轮廓线。选中"描边"选项组的复选框，即可进行文本的描边设置。

进行文本的描边设置可以执行以下操作。

- 单击色块或"吸管"工具，可以设置描边的颜色。
- 单击"描边宽度"数值，可以在激活的数值框中设置描边的宽度，如图7-42所示。
- 单击右侧的"描边方式"下拉列表框，可以在弹出的列表中选择描边方式，Premiere 提供了外侧、内侧和中心 3 种描边方式，如图7-43所示。

图 7-42 设置描边的宽度

图 7-43 选择描边方式

- 单击右上方的加号按钮■，可以为文本图层增加一个描边，如图7-44所示。图7-45所示的是为文本添加两次描边的效果。

图 7-44 增加一个描边

图 7-45 两次描边的效果

❖ 注意：

为文本添加多次描边后，"描边"选项组的右方将出现一个减号按钮 ▬，单击该按钮，可以删除最后添加的描边。

7.3.3 设置文本背景颜色

选中"背景"选项组中的复选框，可以在出现的选项中对文本的背景进行设置，包括背景的不透明度、背景的大小和背景的角半径，如图7-46所示。图7-47所示的是为文本添加圆角背景的效果。

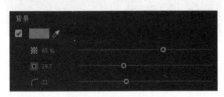

图7-46　设置文本背景　　　　　　　　　　图7-47　圆角背景效果

7.3.4 设置文本阴影效果

选中"阴影"选项组中的复选框，可以在出现的选项中对文本的阴影进行设置，包括阴影的不透明度、角度、距离、大小和模糊等参数，如图7-48所示。图7-49所示的是为文本添加阴影的效果。

图7-48　设置文本阴影　　　　　　　　　　图7-49　阴影效果

【练习7-1】创建文字。

01 新建一个项目，在"项目"面板中导入"背景.jpg"素材，如图7-50所示。

02 新建一个序列，在"新建序列"对话框的"设置"选项卡中设置视频的帧大小，如图7-51所示。

图7-50　导入素材　　　　　　　　　　图7-51　设置视频帧大小

03 将"项目"面板中的素材添加到视频1轨道中，如图7-52所示，在"节目监视器"面板的预览效果如图7-53所示。

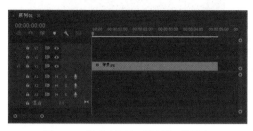

图 7-52　将素材添加到视频 1 轨道中

图 7-53　素材预览效果

04 在"工具"面板中单击"文字工具"按钮 **T**，然后在"节目监视器"面板中单击指定创建文字的位置，再输入文字，如图7-54所示。此时，视频2轨道中将生成创建的文字图形，如图7-55所示。

图 7-54　输入文字

图 7-55　生成文字图形

05 选中视频2轨道中的文字图形，然后打开"基本图形"面板，选择"编辑"选项卡，在文字列表中选中创建的文字，如图7-56所示。

06 在"编辑"选项卡的"文本"选项组中设置文本的字体和大小，如图7-57所示。

图 7-56　在文字列表中选中文字

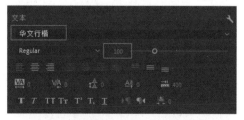

图 7-57　设置文本字体和大小

07 在"外观"选项组中单击"填充"选项的色块(如图7-58所示)，然后在打开的"拾色器"对话框中设置文本的填充颜色为红色，如图7-59所示。

08 在"外观"选项组中选中"描边"复选框，然后设置描边宽度为4，描边位置为"外侧"，如图7-60所示。

09 单击"描边"选项的色块,在打开的"拾色器"对话框中设置描边的颜色为黄色,如图7-61所示。

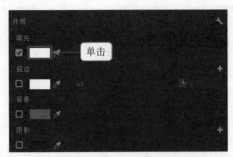

图7-58 单击填充色块

图7-59 设置填充颜色

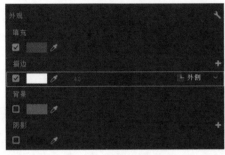

图7-60 设置描边参数

图7-61 设置描边颜色

10 在"外观"选项组中单击"描边"选项右方的加号 ➕,为文本添加一个描边,设置描边颜色为白色、宽度为8,描边位置为"外侧",如图7-62所示。此时的文本效果如图7-63所示。

图7-62 新增一个描边

图7-63 文本效果

11 在"外观"选项组中选中"阴影"复选框,然后设置阴影的不透明度、角度、距离、大小和模糊参数,如图7-64所示。此时的文本效果如图7-65所示。

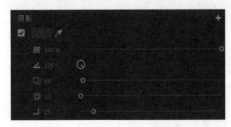

图7-64 设置文本的阴影参数

图7-65 文本阴影效果

12 使用"文字工具" T 在"节目监视器"面板中分别创建文字"砥砺前行，不负韶华！"，然后设置文字的字体、大小和外观，如图7-66所示。本例完成的最终效果如图7-67所示。

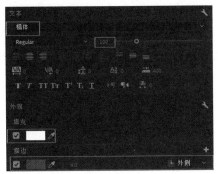

图 7-66　设置文字格式和外观　　　　　　　　　　图 7-67　文本最终效果

❖ 注意：

在"节目监视器"面板中直接拖动文本对象，也可以调整文本的位置。

7.4　文本对齐与变换效果

在"基本图形"面板的"对齐并变换"选项组中，可以设置文本的对齐和变换效果。

7.4.1　文本对齐

在"对齐"选项右侧列出来"左对齐""水平居中对齐""右对齐""顶对齐""垂直居中对齐""底对齐"6种对齐方式，如图7-68所示，可以将文本图层对齐到帧画面相应的位置。在"基本图形"面板中选择多个图层时，将出现 3 种对齐模式：对齐到视频帧、作为组对齐到视频帧和对齐到选区，如图7-69所示。

图 7-68　"对齐并变换"选项组　　　　　　　　图 7-69　3 种对齐模式

下面以如图7-70所示的文本对象为例，介绍 3 种对齐模式的效果。

○ 对齐到视频帧：将每个对象分别对齐到节目监视器画面中。图7-71所示的是该模式的垂直居中对齐效果。

图 7-70　原文本效果

图 7-71　垂直居中对齐到视频帧

○ 作为组对齐到视频帧：将多个选择作为一个组对象，对齐到节目监视器画面中。图7-72所示的是该模式的垂直居中对齐效果。

○ 对齐到选区：对齐到选择内容中某个特定的主要对象，例如，靠左对齐的主要对象是最左侧的对象，底部对齐的主要对象是最底部的对象。图7-73所示的是该模式的垂直居中对齐效果。

图 7-72　作为组垂直居中对齐到视频帧

图 7-73　垂直居中对齐到选区

❖ **注意：**

在"对齐并变换"选项组中的对齐功能与"文本"选项组的对齐功能有所不同，前者是文本在整个视频画面中的对齐效果，后者是文本在文本框中的对齐效果。

7.4.2　文本变换效果

在"对齐并变换"选项组中可以通过相应选项设置切换动画的位置、锚点、旋转、比例和不透明度，如图7-74所示。

图 7-74　效果变换设置区域

○ 切换动画的位置：用于开启文本的位置动画功能。

○ 切换动画的锚点：用于开启文本的锚点动画功能，锚点属性通常配合旋转操作进行设置。

○ 切换动画的比例：用于开启文本的缩放动画功能，关闭"设置缩放锁定"功能后，可以对文本的高度或宽度进行单独缩放。

- ○ 切换动画的旋转 🔄：用于开启文本的旋转动画功能。
- ○ 切换动画的不明透度 ▦：用于开启文本的不明透度动画功能。

【练习7-2】制作电影片尾字幕。

01 新建一个项目，然后导入影片素材，如图7-75所示。

02 新建一个序列，在"新建序列"对话框的"设置"选项卡中设置帧大小，如图7-76所示。

图 7-75　导入素材

图 7-76　新建序列

03 将"项目"面板中的素材添加到视频1轨道中，如图7-77所示，在"节目监视器"面板的预览效果如图7-78所示。

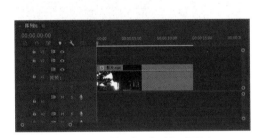

图 7-77　将素材添加到视频 1 轨道中

图 7-78　素材预览效果

04 选择视频1轨道中的影片素材，打开"效果控件"面板，设置"位置"坐标为(480，540)，如图7-79所示，在"节目监视器"面板的预览效果如图7-80所示。

图 7-79　修改影片的属性

图 7-80　影片效果

05 在"工具"面板中单击"文字工具"按钮 **T**，然后在"节目监视器"面板中单击指定创建文字的位置，再输入文字，如图7-81所示。

06 打开"基本图形"面板，然后在"编辑"选项卡中设置文字的字体和大小，设置填充颜色为白色，如图7-82所示。

图 7-81 创建文字   图 7-82 设置文字属性

07 使用"选择工具" ▶ 在"时间轴"面板中拖动文字图形的出点，使文字图形的出点与影片素材的出点对齐，如图7-83所示。

08 在"时间轴"面板中将时间指示器移到第0秒的位置，如图7-84所示。

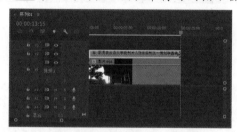

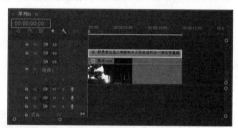

图 7-83 修改文字图形的出点   图 7-84 设置当前时间

09 在"基本图形"面板中单击"切换动画的位置"图标，开启位置变换效果，然后设置位置坐标为(1600，1200)，如图7-85所示，将文字图形移出画面下方。

10 将时间指示器移到影片的出点位置，然后设置文字图形的位置坐标为(1600，−1600)，如图7-86所示，将文字图形移出画面上方。

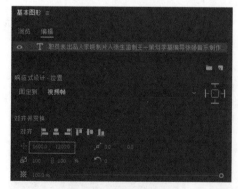

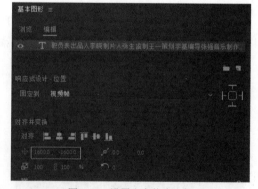

图 7-85 设置文字起点坐标   图 7-86 设置文字终点坐标

11 在"节目监视器"面板中单击"播放-停止切换"按钮 ▶，可以预览创建的片尾滚动字幕效果，如图7-87所示。

图 7-87 预览片尾滚动字幕效果

7.5 设置文本样式

在 Premiere 中设置好文本格式后，还可以根据需要创建文本样式和应用样式。

7.5.1 创建样式

创建常用的文本样式，可以对项目中的其他文本图层和图形素材应用此样式。

【练习7-3】创建文本样式。

01 创建一个文本，设置好文本属性，然后在"基本图形"面板中选中该文本。

02 在"样式"选项组的"样式"下拉列表中选择"创建样式"选项(如图7-88所示)，在打开的"新建文本样式"对话框中对文本样式进行命名并确定，如图7-89所示。

图 7-88 选择"创建样式"选项

图 7-89 命名样式并确定

03 新建的样式将显示在"项目"面板中(如图7-90所示)，并可以在"基本图形"面板的"样式"下拉列表中选择该样式，如图7-91所示。

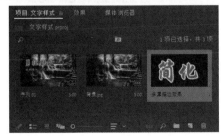

图 7-90 新建的样式

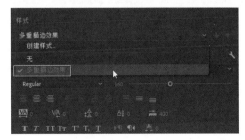

图 7-91 选择样式

7.5.2 应用样式

创建文本样式后，可以对项目中的其他文本图层和图形应用此样式。在"基本图形"面板中选择要应用样式的文本图层，然后在"样式"下拉列表中选择所需的样式，即可将该样式应用到指定的文本图层。

7.6 本章小结

本章介绍了Premiere字幕设计的相关知识与操作。通过本章的学习，读者应该掌握文字的创建与设置方法。在创建文字的操作中，需要重点掌握各种文字属性的设置(如文字的字体、颜色、描边、阴影等)和文本变换效果的设置。

7.7 思考与练习

1. 使用_____工具可以创建横排文字。

2. 使用_____工具可以创建垂直文字。

3. 在"基本图形"面板中选中_____选项组中的复选框，即可根据选项提示为对象添加轮廓线效果。

4. 参照如图7-92所示的练习效果，创建文本内容，在"基本图形"面板中设置标题文字的文字字体、填充颜色和描边颜色等属性，如图7-93所示。

图 7-92　练习效果

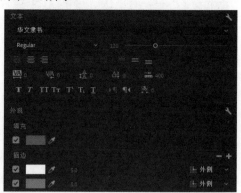

图 7-93　文本属性设置

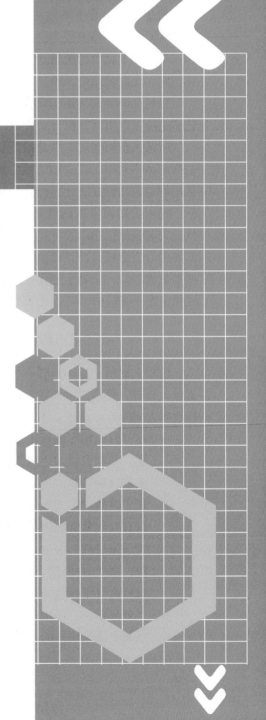

第 **8** 章

关键帧动画

　　除了可以在Premiere的"时间轴"面板中对素材设置简单的关键帧，还可以在"效果控件"面板中对素材设置复杂的关键帧。通过设置"运动"控件中的关键帧，可以制作出随着时间变化而形成运动的视频动画效果，使原本枯燥乏味的图像活灵活现起来。

　　本章将介绍视频运动效果的编辑操作，包括对视频运动参数的介绍、关键帧的添加与设置、关键帧动画效果的应用等。

8.1 关键帧动画基础

要在Premiere中设置运动效果，离不开关键帧的设置。在设置运动效果之前，首先应了解一下关键帧动画。

8.1.1 认识关键帧动画

帧是动画中最小单位的单幅影像画面，相当于电影胶片上的每一格镜头。在动画软件的时间轴上，帧表现为一格或一个标记。关键帧相当于二维动画中的原画，指角色或物体在运动或变化中的关键动作所处的那一帧。关键帧与关键帧之间的动画可以由软件来创建，叫作过渡帧或中间帧。

任何动画要表现运动或变化，至少前后要给出两个不同的关键状态，而中间状态的变化和衔接可以由计算机自动完成，表示关键状态的帧动画叫作关键帧动画。

所谓关键帧动画，就是给需要动画效果的属性，准备一组与时间相关的值，这些值都是在动画序列中比较关键的帧中提取出来的；而其他时间帧中的值，可以用这些关键值，采用特定的插值方法计算得到，从而达到比较流畅的动画效果。

使用关键帧可以创建动画、效果和音频属性，以及其他一些随时间变化而变化的属性。关键帧标记指示设置属性的位置，如空间位置、不透明度或音频的音量。关键帧之间的属性数值会被自动计算出来。当使用关键帧创建随时间而产生变化的动画时，至少需要两个关键帧，一个处于变化的起始位置的状态，而另一个处于变化的结束位置的新状态。使用多个关键帧时，可以通过复制关键帧属性进行变化效果的复制。

8.1.2 关键帧的设置原则

使用关键帧创建动画时，可以在"效果控件"面板或"时间轴"面板中查看并编辑关键帧。有时，使用"时间轴"面板设置关键帧，可以更直观、更方便地对动画进行调节。在设置关键帧时，遵守以下原则可以提高工作效率。

- 在"时间轴"面板中编辑关键帧，适用于只具有一维数值参数的属性，如不透明度、音频音量。"效果控件"面板则更适合于二维或多维数值的设置，如位置、缩放或旋转等。
- 在"时间轴"面板中，关键帧数值的变换，会以图像的形式进行展现。因此，可以直观地分析数值随时间变换的趋势。
- "效果控件"面板可以一次性显示多个属性的关键帧，但只能显示所选的素材片段；而"时间轴"面板可以一次性显示多个轨道中多个素材的关键帧，但每个轨道或素材仅显示一种属性。
- "效果控件"面板也可以像"时间轴"面板一样，以图像的形式显示关键帧。一旦某个效果属性的关键帧功能被激活，便可以显示其数值及速率图。

○　音频轨道效果的关键帧可以在"时间轴"面板或"音频混合器"面板中进行调节。

8.2 应用"效果控件"面板

在Premiere中，由于运动效果的关键帧属性具有二维数值，因此素材的运动效果需要在"效果控件"面板中进行设置。

8.2.1 视频运动参数详解

在"效果控件"面板中单击"运动"选项组旁边的三角形按钮，展开"运动"控件，其中包含了位置、缩放、缩放宽度、旋转、锚点和防闪烁滤镜等参数，如图8-1所示。

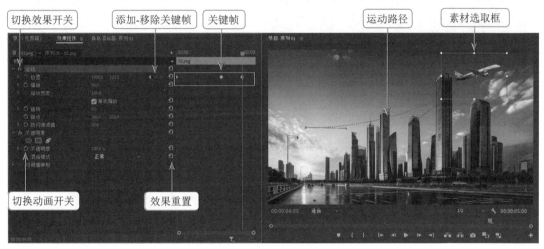

图 8-1　"运动"效果控件的参数

单击各选项前的三角形按钮，将展开该选项的具体参数，拖动各选项中的滑块可以进行参数的设置，如图8-2所示。在每个控件对应的参数上单击鼠标，可以输入新的数值进行参数修改，也可以在参数值上按下鼠标左键并左右拖动来修改参数，如图8-3所示。

图 8-2　拖动滑块

图 8-3　拖动数值

1. 位置

该参数用于设置素材相对于整个屏幕所在的坐标。当项目的视频帧尺寸为720×576而当前的位置参数为360×288时，编辑的视频中心正好对齐节目窗口的中心。在Premiere Pro 2024的坐标系中，左上角是坐标原点位置(0，0)，横轴和纵轴的正方向分别向右和向下设置，右下角是离坐标原点最远的位置，坐标为(720，576)。因此，增加横轴和纵轴坐标值时，视频片段素材对应向右和向下运动。

单击"效果控件"面板中的"运动"选项将其选中，使其变为灰色，这样就会在"节目监视器"面板中出现运动的控制点，这时便可以选择并拖动素材，改变素材的位置，如图8-4所示。

图 8-4　改变素材的位置

2. 缩放

该参数用于设置素材的尺寸百分比。当其下方的"等比缩放"复选框未被选中时，"缩放"用于调整素材的高度；同时其下方的"缩放宽度"选项呈可选状态，此时可以只改变对象的高度或宽度。当"等比缩放"复选框被选中时，对象只能按照比例进行缩放变化。

3. 旋转

该参数用于调整素材的旋转角度。当旋转角度小于360°时，参数设置只有一个，如图8-5所示。当旋转角度超过360°时，属性变为两个参数：第一个参数指定旋转的周数，第二个参数指定旋转的角度，如图8-6所示。

图 8-5　旋转角度小于360°

图 8-6　旋转角度大于360°

4. 锚点

默认状态下，锚点(即定位点)位于素材的中心点。调整锚点参数可以使锚点远离视频中心，将锚点调整到视频画面的其他位置，有利于创建特殊的旋转效果，如图8-7所示。

图 8-7　调整锚点的位置

5. 防闪烁滤镜

通过将防闪烁滤镜关键帧设置为不同的值，可以更改防闪烁滤镜在剪辑持续时间内变化的强度。单击"防闪烁滤镜"选项旁边的三角形，展开该控件参数，向右拖动"防闪烁滤镜"滑块，可以增加滤镜的强度。

8.2.2　关键帧的添加与设置

默认情况下，对视频运动参数的修改是整体调整，Premiere不记录关键帧。在Premiere中进行的视频运动设置，建立在关键帧的基础上。在设置关键帧时，可以分别对位置、缩放、旋转、锚点等视频运动方式进行设置。

1. 开启动画记录

如果要保存某种运动方式的动画记录，需要单击该运动方式前面的"切换动画"开关按钮，这样才能将此方式下的参数变化记录成关键帧。例如，单击"缩放"前面的"切换动画"开关按钮，将开启并保存缩放运动方式的动画记录，并在当前时间位置添加一个关键帧，如图8-8所示。

❖ **注意:**

开启动画记录后，再次单击"切换动画"开关按钮，将删除此运动方式下的所有关键帧。单击"效果控件"面板中"运动"选项右边的"重置"按钮，将清除素材片段上施加的所有运动效果，还原到初始状态。

2. 添加关键帧

视频素材要产生运动效果，需要在素材片段上添加两个或两个以上关键帧。用户不仅可以使用前面章节介绍的在"时间轴"面板中添加关键帧的方法，还可以在"效果控件"面板中添加或删除关键帧，并通过对关键帧各项参数的设置来实现素材的运动效果，如图8-9所示。

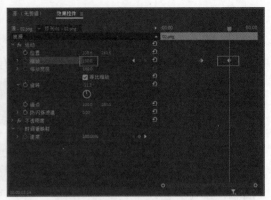

图 8-8 开启动画记录   图 8-9 设置关键帧

3. 选择关键帧

编辑素材的关键帧时，首先需要选中关键帧，然后才能对关键帧进行相关操作。用户可以直接单击关键帧将其选中，也可以通过"效果控件"面板中的"转到上一关键帧"按钮█和"转到下一关键帧"按钮█来选择关键帧。

❖ 注意：

在视频编辑中，有时需要选择多个关键帧进行统一编辑。若要在"效果控件"面板中选择多个关键帧，可以按住Ctrl或Shift键，依次单击要选择的各个关键帧，或是通过按住并拖动鼠标的方式来选择多个关键帧。

4. 移动关键帧

为素材添加关键帧后，如果需要将关键帧移到其他位置，只需选要移动的关键帧，单击并拖动至合适的位置，然后释放鼠标即可。

5. 复制与粘贴关键帧

若要将某个关键帧复制到其他位置，可以在"效果控件"面板中右击要复制的关键帧，从弹出的快捷菜单中选择"复制"命令，然后将时间轴移到新位置，再右击鼠标，从弹出的快捷菜单中选择"粘贴"命令，即可完成关键帧的复制与粘贴操作。

6. 删除关键帧

选中要删除的关键帧，按Delete键即可删除关键帧，或者在选中的关键帧上右击鼠标，然后从弹出的快捷菜单中选择"清除"命令，即可将所选关键帧删除；也可以在"效果控件"面板中单击"添加-移除关键帧"按钮删除所选关键帧。

7. 关键帧插值

默认状态下，Premiere中关键帧之间的变化为线性变化，如图8-10所示。除了线性变化，Premiere Pro 2024还提供了贝塞尔曲线、自动贝塞尔曲线、连续贝塞尔曲线、定格、缓入和缓出等多种变化方式，在关键帧上右击，即可弹出关键帧的控制菜单，如图8-11所示。

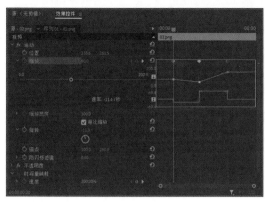

图 8-10 线性关键帧属性值

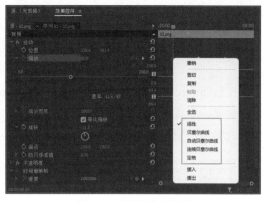

图 8-11 关键帧控制菜单

- ○ 线性：在两个关键帧之间实现恒定速度的变化。
- ○ 贝塞尔曲线：可以手动调整关键帧图像的形状，从而创建平滑的变化。
- ○ 自动贝塞尔曲线：自动创建平稳速度的变化。
- ○ 连续贝塞尔曲线：可以手动调整关键帧图像的形状，从而创建平滑的变化。连续贝塞尔曲线与贝塞尔曲线的区别是：前者的两个调节手柄始终在一条直线上，调节一个手柄时，另一个手柄将发生相应的变化；后者是两个独立的调节手柄，可以单独调节其中一个手柄，如图8-12和图8-13所示。
- ○ 定格：不会逐渐改变属性值，会使效果发生快速变化。
- ○ 缓入：减慢属性值的变化，逐渐过渡到下一个关键帧。
- ○ 缓出：加快属性值的变化，逐渐离开上一个关键帧。

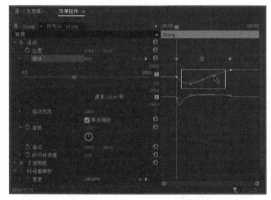

图 8-12 连续贝塞尔曲线的手柄

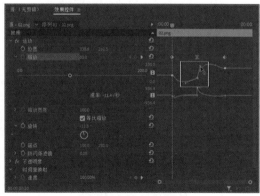

图 8-13 贝塞尔曲线的手柄

❖ 注意：

选择关键帧的曲线变化方式后，可以利用钢笔工具来调整曲线的手柄，从而调整曲线的形状。使用"效果控件"面板中的速度曲线可以调整效果变化的速度，通过调整速度曲线可以模拟真实世界中物体的运动效果。

8.3 运动效果案例

在Premiere中，可以控制的运动效果包括位移、缩放和旋转等。要在Premiere中创建运动效果，首先需要创建一个项目，并在"时间轴"面板中选中素材，然后可以使用"运动"效果控件调整素材。

8.3.1 位移运动

位移运动能够实现视频素材在节目窗口中的移动效果，是视频编辑过程中经常使用的一种运动效果，该效果可以通过调整效果控件中的位置参数来实现。

【练习8-1】飘动的羽毛。

01 新建一个项目和序列，然后将"城市.jpg"和"羽毛.tif"素材导入"项目"面板中，如图8-14所示。

02 将素材"城市.jpg"添加到"时间轴"面板的视频1轨道中，将素材"羽毛.tif"添加到"时间轴"面板的视频2轨道中，如图8-15所示。

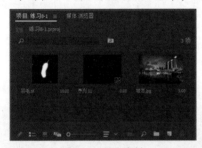
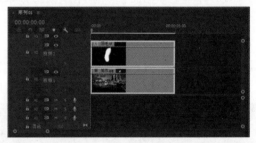

图 8-14　导入素材　　　　　　　　　图 8-15　添加素材

03 在"时间轴"面板中选中两个视频轨道中的素材，然后选择"剪辑"|"速度/持续时间"命令，打开"剪辑速度/持续时间"对话框，设置两个素材的持续时间为10秒并确定，如图8-16所示，在视频轨道中的显示效果如图8-17所示。

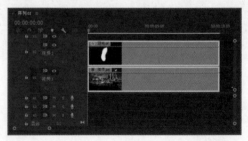

图 8-16　设置素材的持续时间　　　图 8-17　修改素材持续时间后的显示效果

04 选择视频2轨道中的"羽毛.tif"素材，并将时间指示器移到素材的入点位置。在"效果控件"面板中单击"位置"选项前面的"切换动画"开关按钮，启用动画功能，并自动添加一个关键帧。然后将位置的坐标设置为(360，120)，如图8-18所示，使羽毛处

于视频画面的上方，如图8-19所示。

图 8-18 设置羽毛的坐标 图 8-19 设置羽毛所在的位置

05 将时间指示器移到第3秒的位置，单击"位置"选项后面的"添加-移除关键帧"按钮，在此添加一个关键帧，设置"位置"的坐标值为(310，280)，如图8-20所示。

06 单击"效果控件"面板中的"运动"选项，可以在节目监视器中显示羽毛的运动路径，如图8-21所示。

图 8-20 添加并设置关键帧(一) 图 8-21 显示羽毛的运动路径(一)

07 将时间指示器移到第6秒的位置，单击"位置"选项后面的"添加-移除关键帧"按钮，在此处添加一个关键帧。然后将"位置"的坐标值改为(545，170)，如图8-22所示。在节目监视器中显示羽毛的运动路径，如图8-23所示。

图 8-22 添加并设置关键帧(二) 图 8-23 显示羽毛的运动路径(二)

08 将时间指示器移到第9秒24帧的位置，单击"位置"选项后面的"添加-移除关键帧"按钮，在此处添加一个关键帧。然后将"位置"的坐标值改为(450，550)，如图8-24所示。在节目监视器中显示羽毛的运动路径，如图8-25所示。

图8-24 添加并设置关键帧(三)

图8-25 显示羽毛的运动路径(三)

09 单击"节目监视器"面板中的"播放-停止切换"按钮 ▶ ，可以预览羽毛飘动的效果，如图8-26所示。

图8-26 预览羽毛飘动的效果

8.3.2 缩放运动

视频编辑中的缩放运动可以作为视频的出场效果，也可以作为视频素材中局部内容的特写效果，这是视频编辑常用的运动效果之一。

【练习8-2】发散的光波。

01 新建一个项目文件和序列，然后将素材导入"项目"面板中，如图8-27所示。

02 将"项目"面板中的素材分别添加到"时间轴"面板中的视频1和视频2轨道中，并设置素材的持续时间为6秒，如图8-28所示。

图8-27 导入素材

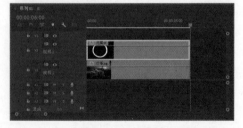

图8-28 添加素材

03 在"时间轴"面板中选择"光圈.tif"素材，然后在"效果控件"面板中单击"运动"选项组前面的三角形按钮，展开"运动"选项组，将"位置"的坐标值改为(458，165)，如图8-29所示。在"节目监视器"面板中对图像进行预览，效果如图8-30所示。

图 8-29　修改位置的坐标值

图 8-30　图像预览效果(一)

04 在第0秒的位置，单击"缩放"和"不透明度"选项前面的"切换动画"开关按钮![icon]，在此处为各选项添加一个关键帧，并将"缩放"值改为5，将"不透明度"值改为0，如图8-31所示。在"节目监视器"面板中对图像进行预览，效果如图8-32所示。

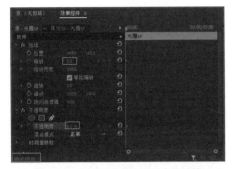

图 8-31　设置缩放和不透明度关键帧

图 8-32　图像预览效果(二)

05 将时间指示器移到第1秒的位置，单击"缩放"和"不透明度"选项后面的"添加-移除关键帧"按钮![icon]，为各选项添加一个关键帧。然后将"缩放"值改为20，将"不透明度"值改为100%，如图8-33所示。

06 将时间指示器移到第2秒20帧的位置，单击"缩放"和"不透明度"选项后面的"添加-移除关键帧"按钮![icon]，为各选项添加一个关键帧。然后将"缩放"值改为100，将"不透明度"值改为0，如图8-34所示。

图 8-33　添加并设置关键帧(一)

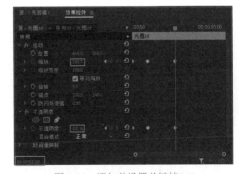

图 8-34　添加并设置关键帧(二)

07 通过按住鼠标左键并拖动鼠标的方式，在"时间轴"面板中框选创建的所有关键帧，如图8-35所示。

08 在"效果控件"面板中选中关键帧后，在任意关键帧对象上右击鼠标，在弹出的快捷菜单中选择"复制"命令，如图8-36所示。

图8-35 框选关键帧

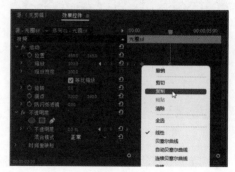

图8-36 选择"复制"命令

09 将时间指示器移到第3秒的位置，然后右击鼠标，在弹出的快捷菜单中选择"粘贴"命令，如图8-37所示。对复制的关键帧进行粘贴后的效果如图8-38所示。

图8-37 选择"粘贴"命令

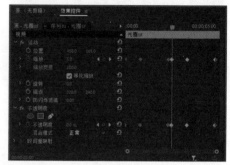

图8-38 粘贴关键帧后的效果

10 将时间指示器移到第0秒20帧的位置，然后在按住Alt键的同时，将"时间轴"面板中视频2轨道中的"光圈.tif"素材拖动到视频3轨道中，即可将视频2轨道中的素材复制到视频3轨道中，如图8-39所示。

11 在"时间轴"面板中的视频轨道左侧右击，在弹出的快捷菜单中选择"添加单个轨道"命令，添加一个视频轨道，如图8-40所示。

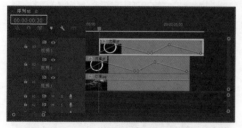

图8-39 将素材复制到视频3轨道中

图8-40 选择"添加单个轨道"命令

12 将时间指示器移到第1秒10帧的位置，将"时间轴"面板中视频3轨道中的"光圈.tif"素材复制到视频4轨道中，如图8-41所示。

13 拖动视频3轨道中和视频4轨道中素材的出点，将这两个视频轨道中的素材出点与其他素材的出点对齐，并修改出点的不透明度为0，如图8-42所示。

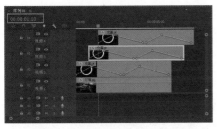

图 8-41　将素材复制到视频 4 轨道中

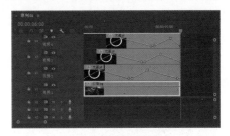

图 8-42　调整素材的出点

14 单击"节目监视器"面板下方的"播放-停止切换"按钮 ▶ ，对影片进行预览，可以看到光圈的变化效果，如图8-43所示。

图 8-43　预览缩放运动效果

8.3.3　旋转运动

旋转运动能增加视频的旋转动感效果，适用于视频或字幕的旋转。在设置旋转的过程中，若将素材的锚点设置在不同的位置，其旋转的轴心也会不同。

【练习8-3】随风舞动的羽毛。

01 打开前面【练习8-1】中制作的项目文件，然后对其进行另存。

02 当时间指示器处于第0秒时，在"效果控件"面板中单击"旋转"选项前面的"切换动画"开关按钮 ，添加一个关键帧，保持"旋转"值不变，如图8-44所示。

03 将时间指示器移到第2秒的位置，单击"旋转"选项后面的"添加-移除关键帧"按钮 ，在此处添加一个关键帧，并将"旋转"值修改为120，如图8-45所示。

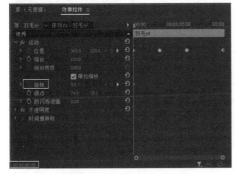

图 8-44　添加"旋转"关键帧

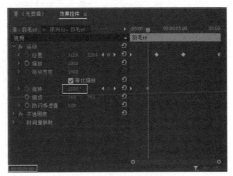

图 8-45　添加并设置关键帧(一)

04 将时间指示器移到第3秒的位置，单击"旋转"选项后面的"添加-移除关键帧"按钮 ，在此处添加一个关键帧，并将"旋转"值修改为150，如图8-46所示。

05 在"效果控件"面板中选择所创建的3个旋转关键帧，然后右击，在弹出的快捷菜单中选择"复制"命令，如图8-47所示。

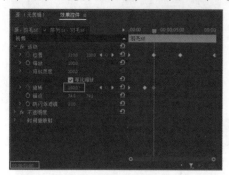

图 8-46 添加并设置关键帧(二)

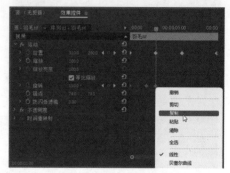

图 8-47 选择"复制"命令

06 将时间指示器移到第4秒的位置，然后右击鼠标，在弹出的快捷菜单中选择"粘贴"命令，如图8-48所示。

07 将时间指示器移到第8秒的位置，继续右击鼠标，在弹出的快捷菜单中选择"粘贴"命令，如图8-49所示，对关键帧进行粘贴。

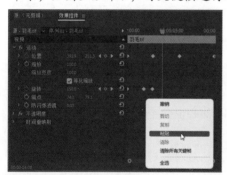

图 8-48 选择"粘贴"命令

图 8-49 粘贴关键帧

08 单击"节目监视器"面板下方的"播放-停止切换"按钮 ，对影片进行预览，可以看到羽毛在飘动过程中产生了旋转的效果，如图8-50所示。

图 8-50 影片预览效果

8.3.4 平滑运动

在Premiere中不仅可以为素材添加运动效果，还可以使素材沿着指定的路线进行运动。为素材添加运动效果后，默认状态下，素材是以直线状态进行运动的。要改变素材的运动状态，可以在"效果控件"面板中对关键帧的属性进行修改。

【练习8-4】调整羽毛的运动平滑度。

01 打开前面【练习8-3】中制作的项目文件，然后对其进行另存。

02 在"效果控件"面板中右击"位置"选项中的第一个关键帧，在弹出的快捷菜单中选择"空间插值"|"贝塞尔曲线"命令，如图8-51所示。

03 在"效果控件"面板中单击"运动"选项，然后在"节目监视器"面板中单击羽毛将其选中，再拖动路径节点的贝塞尔手柄，调节路径的平滑度，如图8-52所示。

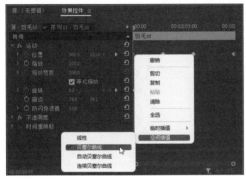

图8-51　选择"贝塞尔曲线"命令

图8-52　调节路径的平滑度

04 选中"位置"选项中的后面三个关键帧，然后在关键帧上右击鼠标，在弹出的快捷菜单中选择"空间插值"|"连续贝塞尔曲线"命令，如图8-53所示。

05 在"节目监视器"面板中拖动路径中其他节点的贝塞尔手柄，调节路径的平滑度，如图8-54所示。

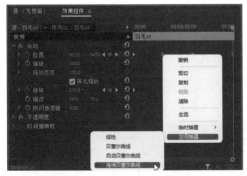

图8-53　选择"连续贝塞尔曲线"命令

图8-54　继续调节路径的平滑度

06 单击"节目监视器"面板中的"播放-停止切换"按钮▶，可以预览到羽毛飘动的路径为曲线形状，如图8-55所示。

图 8-55　预览羽毛飘动效果

8.4　本章小结

　　本章介绍了Premiere Pro 2024运动效果的编辑操作，读者需要了解关键帧动画和关键帧的设置原则，重点掌握视频运动参数的作用、关键帧的添加与设置方法，以及运动效果的具体应用等内容。

8.5　思考与练习

　　1. 移动效果可以通过调整效果控件中的_____参数来实现。

　　2. 在Premiere 运动效果中，_____参数用于设置素材的尺寸百分比。

　　3. 旋转参数用于调整素材的_____。当旋转角度小于_____时，旋转参数设置只有一个。当旋转角度超过_____时，属性变为两个参数：第一个参数指定旋转的_____，第二个参数指定旋转的_____。

　　4. 在设置旋转的过程中，若调整素材的_____位置，其旋转轴心会发生相应变化。

　　5. 选中要删除的关键帧，按_____键即可将其删除。

　　6. 新建一个项目文件和序列，在"项目"面板中导入"夜景.jpg"和"飞机.png"素材，通过设置飞机的位置、缩放和旋转关键帧，制作飞机的飞行效果，如图8-56所示。

图 8-56　影片预览效果

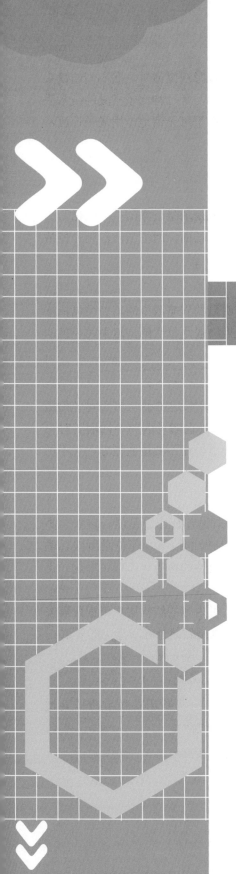

第 **9** 章

视 频 过 渡

　　将视频作品中的一个场景切换到另一个场景就是一次极好的视频过渡。但是，如果想对切换的时间进行推移，或者想创建从一个场景逐渐切入另一个场景的效果，只对素材进行简单的剪辑是不够的，这需要使用过渡效果，将一个素材逐渐淡入另一个素材中。Premiere的视频过渡效果正好能够满足这种要求。

　　本章将介绍Premiere视频过渡的相关知识与应用，包括视频过渡概述、应用视频过渡效果、各类视频过渡效果详解和自定义视频过渡效果。

9.1 视频过渡概述

视频过渡(也称视频切换或视频转场)是指编辑电视节目或影视媒体时,在不同的镜头间加入过渡效果。视频过渡效果被广泛应用于影视媒体创作中,是一种比较常见的技术手段。在制作影视作品时,应适度把握场景过渡效果的应用,切不可无谓地滥用场景过渡,以免造成冲淡主题的后果。

9.1.1 场景过渡的依据

一组镜头一般是在同一时空中完成的,因此时间和地点就是场景过渡的很好依据。当然,有时候在同一时空中也可能有好几组镜头,也就有好几个场面,而情节段落则是按情节发展结构的起承转换等内在节奏来过渡的。

1. 时间的转换

影视节目中的拍摄场面,如果在时间上发生转移,有明显的省略或中断,就可以依据时间的中断来划分场面。在镜头语言的叙述中,时间的转换一般是很快的,这期间转换的时间中断处,就可以是场面的转换处。

2. 空间的转换

在叙事场景中,经常要进行空间转换,一般每组镜头段落都是在不同的空间里拍摄的,如脚本里的内景、外景、居室、沙滩等,故事片中的布景也随场面的不同而随时更换。因此,空间的变更即可作为场面的划分处。如果空间变了,还不做场面划分,又不用某种方式暗示观众,则可能会引起混乱。

3. 情节的转换

一部影视作品的情节结构由内在线索发展而成,一般来说有开始、发展、转折、高潮、结束的过程。这些情节的每一个阶段,会形成一个个情节的段落,无论是倒叙、顺叙、插叙,还是闪回、联想,都离不开情节发展中的一个阶段性的转折,可以依据这一点来做情节段落的划分。

总之,场景和段落是影视作品中基本的结构形式,作品里内容的结构层次依据段落来表现。因此,场景过渡首先是叙述内在逻辑上的要求,同时也是叙述外在节奏上的要求。

9.1.2 场景过渡的方法

场景过渡的方法多种多样,但依据手法不同分为两类:一类是用特技手段作为过渡(即技巧过渡),另一类是用镜头自然过渡作为过渡(即无技巧过渡)。

1. 技巧过渡的方法

技巧过渡的特点是：既容易造成视觉的连贯，又容易造成段落的分割。场面过渡常用的技巧有以下几种。

(1) 淡出淡入。淡出淡入也称为"渐隐渐显"，即上一段落最后一个镜头的光度逐渐减到零点，画面由明转暗、逐渐隐去，下一段落的第一个镜头的光度由零点逐渐到正常的强度，画面由暗转明，逐渐显现。这样的过渡过程，前一部分就是"淡出"，后一部分就是"淡入"。

(2) 叠化。叠化是指第二个镜头出现于屏幕的过程中，仿佛是从前一镜头之后逐渐显露出来的；即在前一镜头逐渐模糊、淡去的过程中，后一镜头同时逐渐清晰。叠化一般用在两个画面在形状上相似的段落转换时。

(3) 划像。划像是指前一画面从一个方向退出画面时，第二个画面随之出现，开始另一段落。根据退出画面的方向不同，划像又可分为横划、竖划、对角线划等。划像一般用在两个内容意义差别较大的段落转换时。

(4) 圈出圈入。圈出圈入是指前一段落结束时用圈、框等图把前一个段落圈出来，并圈入要开始的第二个段落。

(5) 定格。定格是指对第一个段落的结尾画面做静态处理，使人产生瞬间的视觉停顿，接着出现下一个画面，这比较适合于不同主题段落间的转换。

(6) 空画面转场。当情绪发展到高潮的顶点以后，需要一个更长的间歇，使观众能够回味作品的情节和意境，或者得以喘息，能稍微缓和一下情绪。这种情况下即可使用空画面转场，空画面转场是用情绪镜头的长度来获得表现效果，从而增强节目艺术的感染力。

(7) 翻页。翻页是指第一个画面像翻书一样翻过去，第二个画面随之显露出来。

(8) 正负像互换。正负像互换来自照相上的一种模拟特技。电影靠洗印处理，而电视靠色彩分离，有种木刻的效果，适用于人物专题片。

(9) 变焦。使用变焦来使形象模糊，从而使观众的注意力集中到焦点突出的形象上，达到不变换镜头就可以改变构图和景物的目的。在这种技巧中，往往是两个主体一前一后，在景深中互为陪衬，达到前虚后实或前实后虚的效果。它也可以使整个画面由实至虚或由虚至实，从而达到过渡的目的。

2. 无技巧过渡的方法

无技巧过渡即不使用技巧手段，而用镜头的自然过渡来连接两段内容，这在一定程度上加快了影片的节奏。

近年来，故事片基本摒弃了采用技巧的转场手法，时空的转换、段落的过渡都通过直接切换来实现。这是因为故事片有明显的情节线索，有由情节限定的相对空间的稳定性。但在电视节目中并不都是如此。由于节目形式的发展，演播室和外景越来越多地结合在一起，在片子中主持人和记者也越来越多地和报道内容相分开，两种屏幕形象会同时出现，因此人们也越来越多地使用技巧手法把两种形象自然地区分开。

无技巧的转场方法要注意寻找合理的转换因素和适当的造型因素，使之具有视觉的连贯性。但在大段落的转换时，又要顾及心理的隔断性，表达出间歇、停顿和转折的意思。切不可段落不明、层次不清。

这种直接过渡之所以能成立，首先是因为影视艺术在时空上充分自由，屏幕画面可以由这一段跳到另一段，中间可以留一段空白，而空白无须进行说明，观众也能得出自己的理解。因此无技巧过渡的功能很强大，这些功能使它省略了许多过场戏，缩短了段落间的间隔，加紧了作品的内在结构，扩充了作品容量。在无技巧过渡的段落转换处，画面必须有可靠的过渡因素，可起承上启下的作用，只有这样才可直接过渡。

9.2 应用视频过渡效果

要使两个素材的切换更加自然、变化更丰富，就需要加入Premiere提供的各种过渡效果，以达到丰富画面的目的。

9.2.1 "效果"面板

Premiere Pro 2024的视频过渡效果存放在"效果"面板的"视频过渡"效果文件夹中。选择"窗口"|"效果"命令，打开"效果"面板，"效果"面板将所有视频效果有组织地存放在各个子文件夹中，如图9-1所示。

Premiere Pro 2024"效果"面板的"视频过渡"效果文件夹中存储了数十种不同的过渡效果。单击"效果"面板中"视频过渡"效果文件夹前面的三角形图标，可以查看过渡效果的种类列表，如图9-2所示。单击其中一种过渡效果文件夹前面的三角形图标，即可查看该类过渡效果所包含的内容，如图9-3所示。

图9-1 "效果"面板

图9-2 过渡效果种类

图9-3 展开过渡种类

❖ **注意:**

对素材应用效果时，可以选择"窗口"|"工作区"|"效果"命令，将Premiere的工作区设置为"效果"模式。在"效果"工作区，应用和编辑过渡效果所需的面板都显示在屏幕上，这有助于对效果进行添加和编辑等操作。

9.2.2 效果的管理

"效果"面板中存放了各类效果，用户在此可以查找需要的效果，或对效果进行有序化的管理。在"效果"面板中，用户可以进行如下操作。

- 查找视频效果：单击"效果"面板中的查找文本框，然后输入效果的名称，即可找到该视频效果，如图9-4所示。
- 组织素材箱：创建新的素材箱(即文件夹)，可以将最常用的效果组织在一起。单击"效果"面板底部的"新建自定义素材箱"按钮▣，可以创建新的素材箱，如图9-5所示。然后可以将需要的效果拖入其中进行管理，如图9-6所示。

图9-4 查找过渡效果

图9-5 新建自定义素材箱

图9-6 管理过渡效果

- 重命名自定义素材箱：在新建的素材箱名称上单击两次，然后输入新名称，即可重命名所创建的素材箱。
- 删除自定义素材箱：单击素材箱将其选中，然后单击"删除自定义项目"图标▣，或者从面板菜单中选择"删除自定义项目"命令，当"删除项目"对话框出现时，单击"确定"按钮即可删除自定义素材箱。

❖ 注意：

用户不能对Premiere自带的素材箱进行删除和重命名操作。

9.2.3 添加视频过渡效果

将"效果"面板中的过渡效果拖到轨道中的两个素材之间(也可以是前一个素材的出点处，或是后一个素材的入点处)，即可在帧间添加该过渡效果。过渡效果使用第一个素材出点处的额外帧和第二个素材入点处的额外帧之间的区域作为过渡效果区域。

【练习9-1】在素材间添加过渡效果。

[01] 新建一个项目文件，然后在"项目"面板中导入照片，如图9-7所示。

[02] 新建一个序列，然后将"项目"面板中的照片依次添加到"时间轴"面板的视频1轨道中，如图9-8所示。

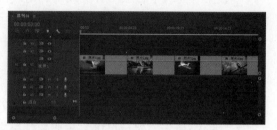

图9-7　导入照片　　　　　　　　　　图9-8　在"时间轴"面板中添加照片

03 选择"窗口"|"工作区"|"效果"命令，将Premiere的工作区设置为"效果"模式，并打开"效果"面板，如图9-9所示。

图9-9　进入"效果"工作区

04 在"效果"面板中展开"视频过渡"素材箱，然后选择一个过渡效果，如"划像"|"圆划像"效果，如图9-10所示。

05 将选择的过渡效果拖到"时间轴"面板中前两个素材的相接处，此时过渡效果将被添加到轨道中的素材间，并会突出显示发生切换的区域，如图9-11所示。

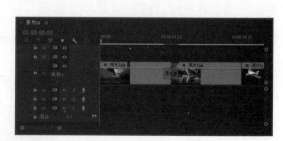

图9-10　选择过渡效果(一)　　　　　　图9-11　添加过渡效果(一)

06 在"效果"面板中选择另一个过渡效果，如"擦除"|"带状擦除"效果，如图9-12所示，将其拖到"时间轴"面板中间两个素材的交汇处，如图9-13所示。

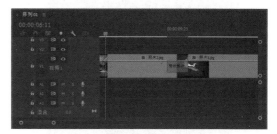

图9-12　选择过渡效果(二)　　　　　　　　　　图9-13　添加过渡效果(二)

07 在"效果"面板中选择一个过渡效果，如"页面剥落"|"翻页"效果，如图9-14所示，将其拖到"时间轴"面板中后面两个素材的交汇处，如图9-15所示。

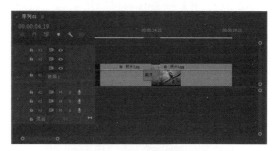

图9-14　选择过渡效果(三)　　　　　　　　　　图9-15　添加过渡效果(三)

08 在"节目监视器"面板中单击"播放-停止切换"按钮播放影片，可以预览添加过渡效果后的影片效果，如图9-16所示。

图9-16　预览影片的过渡效果

9.2.4　应用默认过渡效果

在视频编辑过程中，如果在整个项目中需要多次应用相同的过渡效果，那么可以将其设置为默认过渡效果。在指定默认过渡效果后，可以快速地将其应用到各个素材之间。

默认情况下，Premiere Pro 2024的默认过渡效果为"交叉溶解"，该效果的图标有一个蓝色的边框,如图9-17所示。要设置新的过渡效果作为默认过渡效果,可以先选择一个视频过渡效果,然后右击鼠标,在弹出的快捷菜单中选择"将所选过渡设置为默认过渡"命令,如图9-18所示。

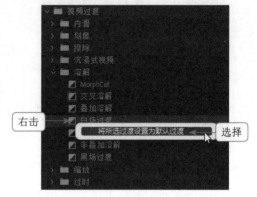

图9-17 默认过渡效果   图9-18 设置默认过渡效果

【练习9-2】对所有素材应用默认过渡效果。

01 新建一个项目文件和序列,在"项目"面板中导入素材文件,如图9-19所示。

02 将素材文件编排在"时间轴"面板的视频1轨道中,如图9-20所示。

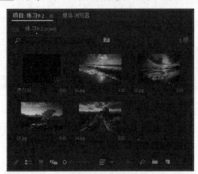
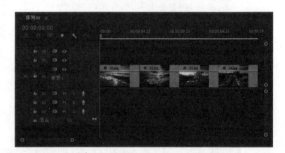

图9-19 导入素材   图9-20 编排素材

03 打开"效果"面板,选择"内滑"|"带状内滑"过渡效果,然后右击鼠标,在弹出的快捷菜单中选择"将所选过渡设置为默认过渡"命令,如图9-21所示。将选择的过渡效果设置为默认过渡效果后,该效果会有一个蓝色的边框,如图9-22所示。

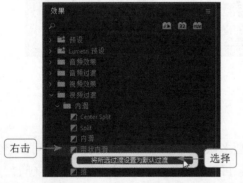

图9-21 设置为默认过渡效果   图9-22 默认过渡效果

[04] 单击工具面板中的"向前选择轨道工具"按钮 ，然后在视频1轨道的第一个素材上单击鼠标，选择视频1轨道中的所有素材，如图9-23所示。

[05] 选择"序列"|"应用默认过渡到选择项"命令，或按Shift+D组合键，即可对所选择的所有素材应用默认的过渡效果，如图9-24所示。

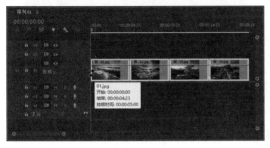

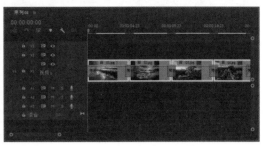

图9-23 选择轨道中的所有素材　　　　　　　　图9-24 应用默认过渡效果

[06] 在"节目监视器"面板中单击"播放-停止切换"按钮 播放影片，可以预览添加默认过渡效果后的影片效果，如图9-25所示。

图9-25 预览影片效果

9.3 自定义视频过渡效果

在素材间应用过渡效果之后，在"时间轴"面板中将其选中，即可在"时间轴"面板或"效果控件"面板中对其进行编辑。

9.3.1 更改过渡效果的持续时间

视频过渡效果的默认持续时间为1秒。用户可以在"时间轴"面板中拖动过渡效果的边缘，修改所应用过渡效果的持续时间，如图9-26所示。在"信息"面板中可以查看过渡效果的持续时间，如图9-27所示。

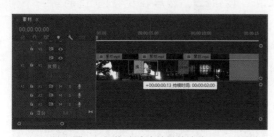

图 9-26　拖动过渡效果的边缘　　　　　　　　图 9-27　查看过渡效果的持续时间

在"效果控件"面板中可以修改持续时间值，也可以修改过渡效果的持续时间，如图9-28所示。在"效果控件"面板中除了可以通过修改持续时间值来更改过渡效果的持续时间，还可以通过左右拖动数字来调整过渡效果的持续时间，如图9-29所示。

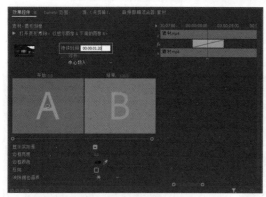

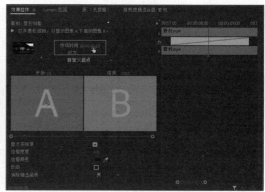

图 9-28　修改持续时间值　　　　　　　　　　图 9-29　手动调整持续时间

9.3.2　修改过渡效果的对齐方式

在"时间轴"面板中单击过渡效果并向左或向右拖动它，可以修改过渡效果的对齐方式。向左拖动过渡效果，可以将过渡效果与编辑点的结束处对齐，如图9-30所示。向右拖动过渡效果，可以将过渡效果与编辑点的开始处对齐，如图9-31所示。若要让过渡效果居中，则需要将过渡效果放置在编辑点所在范围的中心位置。

图 9-30　向左拖动过渡效果　　　　　　　　　图 9-31　向右拖动过渡效果

在"效果控件"面板中可以对过渡效果进行更多的编辑。双击"时间轴"面板中的过渡效果，打开"效果控件"面板，选中"显示实际源"复选框，可以显示素材及过渡效

果，如图9-32所示。在"效果控件"面板的"对齐"下拉列表中可以选择过渡效果的对齐
方式，包括"中心切入""起点切入""终点切入"和"自定义起点"这几种对齐方式，
如图9-33所示。

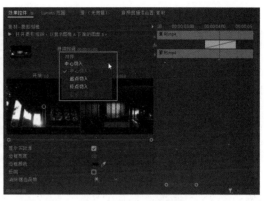

图 9-32 选中"显示实际源"复选框　　　　　　　图 9-33 选择对齐方式

各种对齐方式的作用如下。

- ○ 在将对齐方式设置为"中心切入"或"自定义起点"时，修改持续时间值对入点
  和出点都会有影响。
- ○ 在将对齐方式设置为"起点切入"时，更改持续时间值对出点会有影响。
- ○ 在将对齐方式设置为"终点切入"时，更改持续时间值对入点会有影响。

9.3.3 反向过渡效果

在将过渡效果应用于素材后，默认情况下，素材切换是从第一个素材切换到第二个
素材(A到B)。如果需要创建从场景B到场景A的过渡效果，也就是使场景A出现在场景B之
后，可以选中"效果控件"面板中的"反向"复选框，对过渡效果进行反转设置。

❖ 注意：

单击"消除锯齿品质"下拉列表框并选择抗锯齿的级别，可以使过渡效果更加流畅。

9.3.4 自定义过渡参数

在Premiere Pro 2024中，有些视频过渡效果还有"自定义"按钮，它提供了一些自定
义参数，用户可以对过渡效果进行更多的设置。例如，在素材间添加"带状内滑"过渡
后，"效果控件"面板中会出现"自定义"按钮，如图9-34所示。单击该按钮，可以打开
"带状内滑设置"对话框，对带的数量进行设置，如图9-35所示。

9.3.5 替换和删除过渡效果

如果在应用过渡效果后，没有达到原本想要的效果，可以对其进行替换或删除，具体
操作如下。

○ 替换过渡效果：在"效果"面板中选择需要的过渡效果，然后将其拖到"时间轴"面板中需要替换的过渡效果上即可，新的过渡效果将替换原来的过渡效果。

○ 删除过渡效果：在"时间轴"面板中选择需要删除的过渡效果，然后按Delete键即可将其删除。

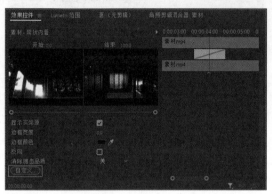

图9-34　出现"自定义"按钮

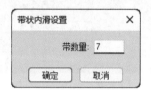

图9-35　设置参数

9.4　Premiere过渡效果详解

Premiere Pro 2024的"视频过渡"素材箱中包含8种不同的过渡类型，分别是"内滑""划像""擦除""沉浸式视频""溶解""缩放""过时""页面剥落"，如图9-36所示。下面详细介绍各类过渡效果的作用。

9.4.1　内滑过渡效果

内滑类过渡效果用于将素材滑入或滑出画面来提供过渡效果，单击该类过渡素材箱前面的展开按钮，可以查看其中所包括的过渡效果，如图9-37所示。

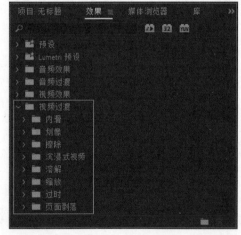

图9-36　过渡类型

图9-37　内滑过渡效果

下面以图9-38和图9-39所示的素材为例，介绍内滑类型中各个过渡所产生的效果。

图 9-38　素材图像一

图 9-39　素材图像二

1. Center Split(中心拆分)

在此过渡效果中，素材A被切分成4个象限，并逐渐从中心向外移动，然后素材B将取代素材A。图9-40显示了Center Split(中心拆分)过渡的设置和预览效果。

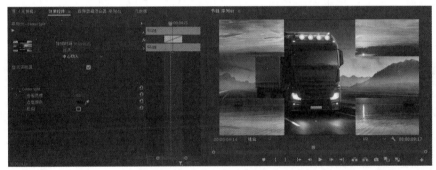

图 9-40　中心拆分过渡

2. Split (拆分)

在此过渡效果中，素材A从中间分裂并显示后面的素材B，该效果类似于打开两扇分开的门来显示房间内的东西。图9-41显示了Split (拆分)过渡的设置和预览效果。

图 9-41　拆分过渡

3. 内滑

在此过渡效果中，素材B逐渐滑动到素材A的上方。用户可以设置过渡效果的滑动方式，过渡效果的滑动方式可以是从西北向东南、从东南向西北、从东北向西南、从西南向东北、从西向东、从东向西、从北向南或从南向北，如图9-42所示。

图 9-42　内滑过渡

4. 带状内滑

在此过渡效果中，矩形条带从屏幕右边和屏幕左边出现，逐渐用素材B替代素材A，如图9-43所示。在使用此过渡效果时，单击"自定义"按钮，打开"带状内滑设置"对话框，可以设置需要滑动的条带数。

图 9-43　带状内滑过渡

5. 急摇

此过渡效果采用摇动摄像机的方式，使画面产生从素材 A 过渡到素材 B 的效果，如图9-44所示。

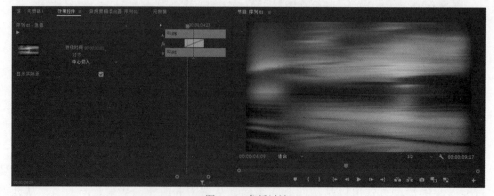

图 9-44　急摇过渡

6. 推

在此过渡效果中，素材B将素材A推向一边。用户可以将此过渡效果的推挤方式设置为从西到东、从东到西、从北到南或从南到北，如图9-45所示。

图 9-45 推过渡

9.4.2 划像过渡效果

划像类过渡的开始和结束都在屏幕的中心进行。这类过渡效果包括"交叉划像""圆划像""盒形划像""菱形划像"。下面以图9-46和图9-47所示的素材为例，介绍划像类型中各个过渡所产生的效果。

图 9-46 素材图像一

图 9-47 素材图像二

1. 交叉划像

在此过渡效果中，素材B逐渐出现在一个十字形中，该十字形会越变越大，直到占据整个画面，如图9-48所示。

图 9-48 交叉划像过渡

2. 圆划像

在此过渡效果中，素材B逐渐出现在慢慢变大的圆形中，该圆形将占据整个画面，如图9-49所示。

图9-49　圆划像过渡

3. 盒形划像

在此过渡效果中，素材B逐渐显示在一个慢慢变大的矩形中，该矩形会逐渐占据整个画面，如图9-50所示。

图9-50　盒形划像过渡

4. 菱形划像

在此过渡效果中，素材B逐渐出现在一个菱形中，该菱形将逐渐占据整个画面，如图9-51所示。

图9-51　菱形划像过渡

9.4.3 擦除过渡效果

擦除类过渡效果用于擦除素材A的不同部分来显示素材B。该类过渡包括"划出""带状擦除""径向擦除""插入""风车"等16种效果。下面以图9-52和图9-53所示的素材为例，介绍擦除类型中的各个过渡所产生的效果。

图 9-52 素材图像一

图 9-53 素材图像二

1. Inset(插入)

在此过渡效果中，素材B出现在画面左上角的一个小矩形框中。在擦除过程中，该矩形框逐渐变大，直到素材B替代素材A，如图9-54所示。

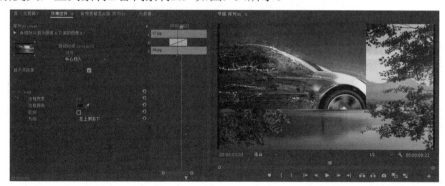

图 9-54 插入过渡

【练习9-3】制作逐个显示的文字。

01 新建一个项目文件，在"项目"面板中导入素材文件，如图9-55所示。

02 选择"文件"|"新建"|"序列"命令，打开"新建序列"对话框，选择"轨道"选项卡，设置视频轨道数量为5，如图9-56所示，单击"确定"按钮。

图 9-55 导入素材

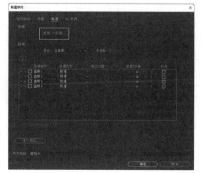

图 9-56 "新建序列"对话框

03 在"项目"面板中选中"景色.jpg"素材,然后选择"剪辑"|"速度/持续时间"命令,在打开的"剪辑速度/持续时间"对话框中设置持续时间为12秒,如图9-57所示。

04 在"项目"面板中设置"诗句1"的持续时间为10秒、"诗句2"的持续时间为8秒、"诗句3"的持续时间为6秒、"诗句4"的持续时间为4秒,然后将各个素材分别添加到"时间轴"面板的视频1~视频5轨道中,并将各个素材的出点对齐,如图9-58所示。

图9-57　修改持续时间

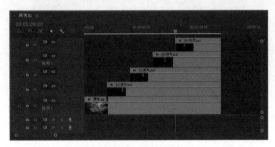

图9-58　添加素材

05 选择"窗口"|"效果"命令,打开"效果"面板,然后展开"视频过渡"文件夹,选择"擦除"|Inset(插入)过渡效果,如图9-59所示。

06 将Inset(插入)过渡效果添加到视频2轨道的"01/诗句"的入点处,如图9-60所示。

图9-59　选择过渡效果

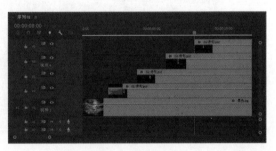

图9-60　添加过渡效果

07 单击"01/诗句"上的过渡图标,打开"效果控件"面板,设置过渡效果的持续时间为2秒,然后设置插入的方向为"右上到左下",如图9-61所示。

08 将Inset(插入)过渡效果添加到"时间轴"面板中其他3个诗句的入点处,同样设置过渡效果的插入方向为"右上到左下"、持续时间为2秒,如图9-62所示。

图9-61　设置过渡参数

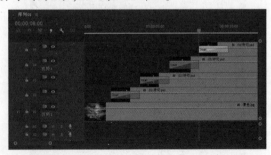

图9-62　添加过渡效果并设置参数

09 在"节目监视器"面板中单击"播放-停止切换"按钮 ▶ ，对添加过渡效果后的影片进行预览，效果如图9-63所示。

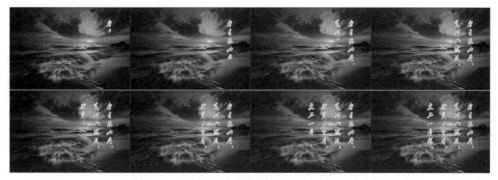

图9-63　预览过渡效果

2. 划出

在此过渡效果中，素材 B 向右推开素材 A，显示素材 B。该效果像是滑动的门，图9-64显示了"划出"过渡的设置和预览效果。

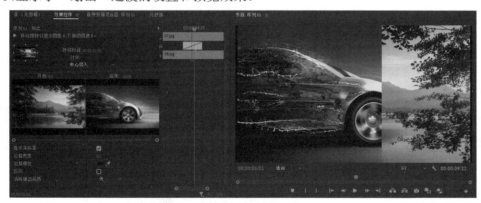

图9-64　划出过渡

3. 双侧平推门

在此过渡效果中，素材A被打开，显示素材B。该效果像是两扇滑动的门，图9-65显示了"双侧平推门"过渡的设置和预览效果。

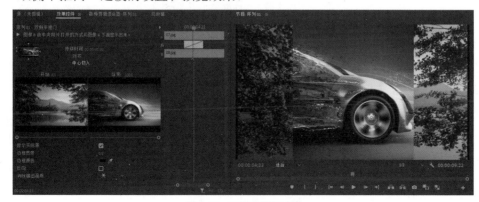

图9-65　双侧平推门过渡

4. 带状擦除

在此过渡效果中，矩形条带从屏幕左边和屏幕右边渐渐出现，素材B将替代素材A。在使用此过渡效果时，可以单击"效果控件"面板中的"自定义"按钮，打开"带状擦除设置"对话框，在其中设置需要的条带数，如图9-66所示。

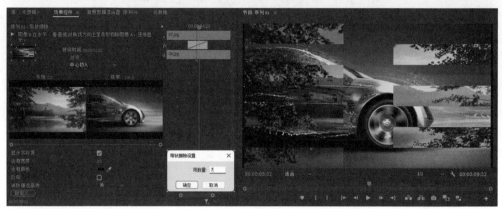

图 9-66　带状擦除过渡

5. 径向擦除

在此过渡效果中，素材B是通过擦除显示的，先水平擦过画面的顶部，然后顺时针扫过一个弧度，逐渐覆盖素材A，如图9-67所示。

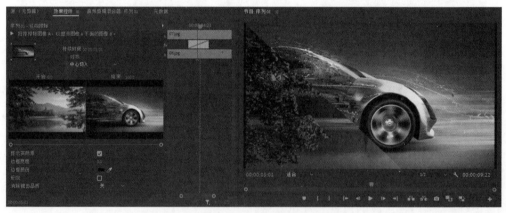

图 9-67　径向擦除过渡

6. 时钟式擦除

在此过渡效果中，素材B逐渐出现在屏幕上，以圆周运动方式显示。该效果就像是时钟的旋转指针扫过素材屏幕，如图9-68所示。

7. 棋盘

在此过渡效果中，包含素材B的棋盘图案逐渐取代素材A，如图9-69所示。在使用此过渡效果时，可以单击"效果控件"面板中的"自定义"按钮，打开"棋盘设置"对话框，在此可以设置水平切片和垂直切片的数量。

图 9-68 时钟式擦除过渡

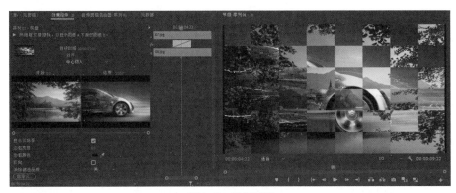

图 9-69 棋盘过渡

8. 棋盘擦除

在此过渡效果中，包含素材B切片的棋盘方块图案逐渐延伸到整个屏幕。在使用此过渡效果时，可以单击"效果控件"面板底部的"自定义"按钮，打开"棋盘擦除设置"对话框，设置水平切片和垂直切片的数量，如图9-70所示。

图 9-70 棋盘擦除过渡

9. 楔形擦除

在此过渡效果中，素材B出现在逐渐变大并最终替换素材A的饼式楔形中。图9-71显示了"楔形擦除"过渡的设置和预览效果。

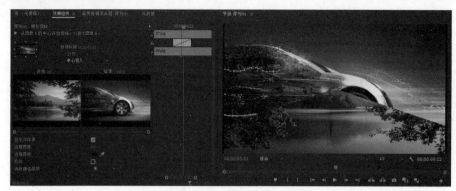

图 9-71　楔形擦除过渡

10. 水波块

在此过渡效果中，素材B渐渐出现在水平条带中，这些条带从左向右移动，然后从右向屏幕左下方移动。在使用此过渡效果时，可以单击"效果控件"面板中的"自定义"按钮，打开"水波块设置"对话框，设置需要的水平条带和垂直条带的数量，如图9-72所示。

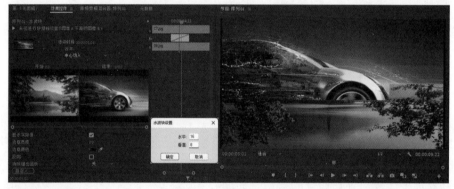

图 9-72　水波块过渡

11. 油漆飞溅

在此过渡效果中，素材B逐渐以泼洒颜料的形式出现。图9-73显示了"油漆飞溅"过渡的设置和预览效果。

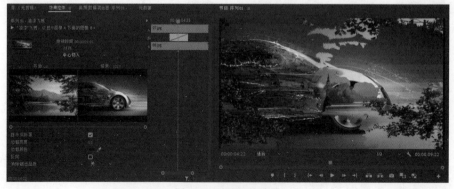

图 9-73　油漆飞溅过渡

12. 百叶窗

在此过渡效果中，素材B看起来像是透过百叶窗出现的，百叶窗逐渐打开，从而显示素材B的完整画面。在使用此过渡效果时，单击"效果控件"面板中的"自定义"按钮，打开"百叶窗设置"对话框，可以设置要显示的条带数，如图9-74所示。

图9-74 百叶窗过渡

13. 螺旋框

在此过渡效果中，一个矩形边框围绕画面移动，逐渐使用素材B替换素材A。在使用此过渡效果时，单击"效果控件"面板中的"自定义"按钮，打开"螺旋框设置"对话框，可以设置水平值和垂直值，如图9-75所示。

图9-75 螺旋框过渡

14. 随机块

在此过渡效果中，素材B逐渐出现在屏幕随机显示的小盒中。在使用此过渡效果时，单击"效果控件"面板中的"自定义"按钮，打开"随机块设置"对话框，可以设置盒子的宽度值和高度值，如图9-76所示。

15. 随机擦除

在此过渡效果中，素材B逐渐出现在顺着屏幕下拉的小块中。图9-77显示了"随机擦除"过渡的设置和预览效果。

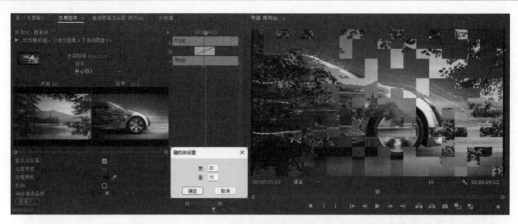

图 9-76　随机块过渡

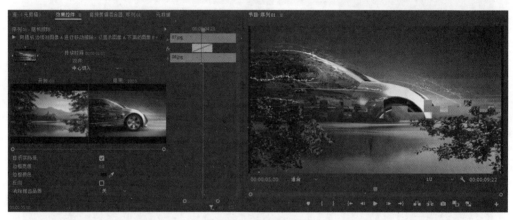

图 9-77　随机擦除过渡

16. 风车

在此过渡效果中，素材B逐渐以不断变大的星星的形式出现，这个星星最终将占据整个画面，如图9-78所示。在使用此过渡效果时，单击"效果控件"面板中的"自定义"按钮，打开"风车设置"对话框，在其中可以设置需要的楔形数量。

图 9-78　风车过渡

9.4.4 沉浸式视频过渡效果

沉浸式视频类过渡效果包括了VR(虚拟现实)类型的过渡效果，这类过渡效果确保过渡画面不会出现失真现象，且接缝线周围不会出现伪影。下面以图9-79和图9-80所示的素材为例，介绍沉浸式视频类型中的各个过渡所产生的效果。

图 9-79　素材图像一

图 9-80　素材图像二

> **❖ 提示：**
>
> VR一般指虚拟现实。虚拟现实技术是一种可以创建和体验虚拟世界的计算机仿真系统，它利用计算机生成一种模拟环境，是一种多源信息融合的、交互式的三维动态视景和实体行为的仿真系统。

1. VR光圈擦除

在此过渡效果中，素材B逐渐出现在慢慢变大的光圈中，随后该光圈将占据整个画面，如图9-81所示。

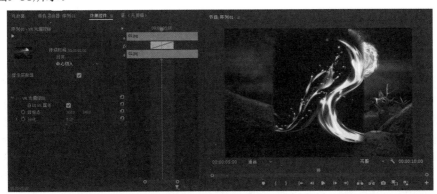

图 9-81　VR 光圈擦除

2. VR光线

在此过渡效果中，素材A逐渐变亮为强光线，随后素材B在光线中逐渐淡入，如图9-82所示。

3. VR渐变擦除

在此过渡效果中，素材B的图像逐渐出现在整个屏幕中，素材A的图像逐渐从屏幕中消失，用户还可以设置渐变擦除的羽化值等参数，如图9-83所示。

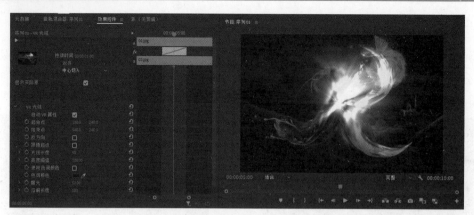

图 9-82　VR 光线

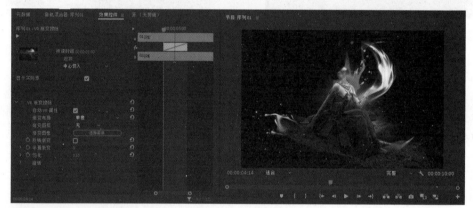

图 9-83　VR 渐变擦除

4. VR漏光

在此过渡效果中,素材A逐渐变亮,随后素材B在亮光中逐渐淡入,如图9-84所示。

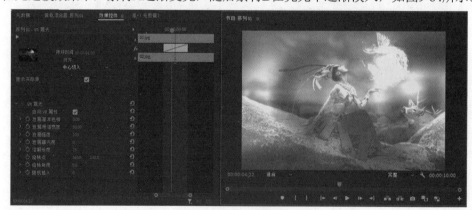

图 9-84　VR 漏光

5. VR球形模糊

在此过渡效果中,素材A以球形模糊的形式逐渐消失,随后素材B以球形模糊的形式逐渐淡入,如图9-85所示。

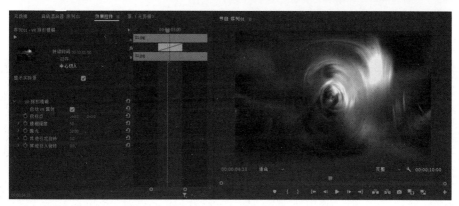

图 9-85　VR 球形模糊

6. VR色度泄漏

在此过渡效果中，素材A以色度泄漏的形式逐渐消失，随后素材B逐渐淡入在屏幕上，如图9-86所示。

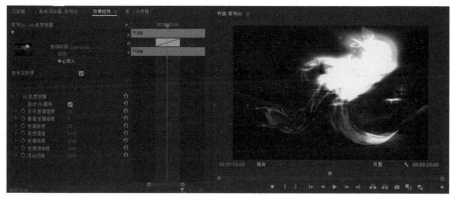

图 9-86　VR 色度泄漏

7. VR随机块

在此过渡效果中，素材B逐渐出现在屏幕随机显示的小盒中，用户可以设置块的宽度、高度和羽化值等参数，如图9-87所示。

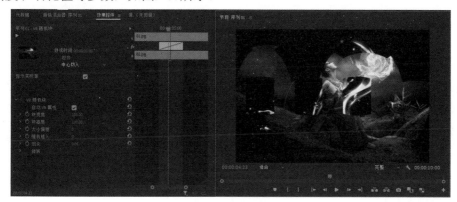

图 9-87　VR 随机块

8. VR默比乌斯缩放

在此过渡效果中，素材B以默比乌斯缩放方式逐渐出现在屏幕上，如图9-88所示。

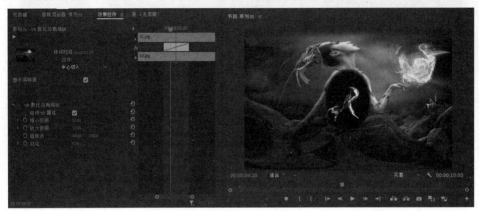

图 9-88　VR 默比乌斯缩放

9.4.5　溶解过渡效果

溶解类过渡效果将一个视频素材逐渐淡入另一个视频素材中。用户可以从7个溶解过渡效果中进行选择，包括MorphCut、"交叉溶解""叠加溶解""白场过渡""黑场过渡""胶片溶解""非叠加溶解"。下面以图9-89和图9-90所示的素材为例，介绍溶解类型中的各个过渡所产生的效果。

图 9-89　素材图像一

图 9-90　素材图像二

1. MorphCut(变形剪切)

MorphCut 通过在原声摘要之间平滑跳切，帮助用户创建更加完美的视频效果。MorphCut 采用脸部跟踪和可选流插值的高级组合，在剪辑之间形成无缝过渡。若使用得当，MorphCut 过渡可以实现无缝效果，以至于画面看起来就像拍摄视频一样自然，如图9-91所示。

2. 交叉溶解

在此过渡效果中，素材 B 在素材 A 淡出之前淡入，图9-92 显示了"交叉溶解"过渡的设置和预览效果。

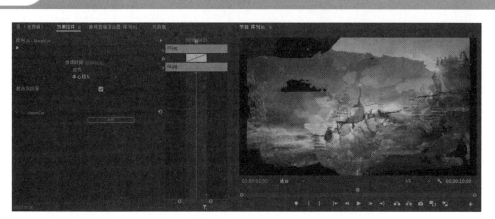

图 9-91 MorphCut 过渡

图 9-92 交叉溶解

3. 叠加溶解

此过渡效果可以实现从一个素材到下一个素材的淡化，图9-93显示了"叠加溶解"过渡的设置和预览效果。

图 9-93 叠加溶解

4. 白场过渡

在此过渡效果中，素材A淡化为白色，然后淡化为素材B。图9-94显示了"白场过渡"设置和预览效果。

图 9-94　白场过渡

5. 胶片溶解

此过渡效果与"叠加溶解"过渡效果相似，它创建从一个素材到下一个素材的线性淡化。图9-95显示了"胶片溶解"过渡的设置和预览效果。

图 9-95　胶片溶解

6. 非叠加溶解

在此过渡效果中，素材B逐渐出现在素材A的彩色区域内。图9-96显示了"非叠加溶解"过渡的设置和预览效果。

图 9-96　非叠加溶解

7. 黑场过渡

在此过渡效果中，素材A逐渐淡化为黑色，然后淡化为素材B。图9-97显示了"黑场过渡"设置和预览效果。

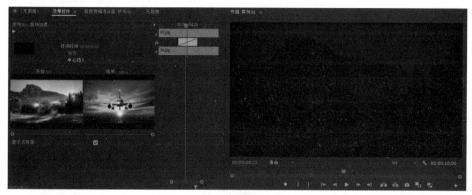

图 9-97　黑场过渡

9.4.6　缩放过渡效果

缩放类过渡效果中包含一个"交叉缩放"效果。此过渡效果先缩小素材 B，然后逐渐放大它，直到占据整个画面。图9-98 显示了"交叉缩放"过渡的设置及预览效果。

图 9-98　交叉缩放过渡

9.4.7　过时过渡效果

过时类效果素材箱包括了一些过时的效果，虽然在Premiere Pro 2024中将"渐变擦除""立方体旋转"和"翻转"过渡列为了过时效果，但这些效果还是经常被使用。

1. 渐变擦除

对素材使用该过渡效果时，将打开"渐变擦除设置"对话框，如图9-99所示。在此对话框中单击"选择图像"按钮，可以打开"打开"对话框进行灰度图像的加载，如图9-100所示。这样在擦除效果出现时，对应于素材A的黑色区域和暗色区域的素材B的图像区域最先显示。

图9-99　"渐变擦除设置"对话框

图9-100　加载灰度图像

在使用此过渡效果中，素材B逐渐擦过整个屏幕，并使用用户选择的灰度图像的亮度值确定替换素材A中的哪些图像区域，如图9-101所示。

图9-101　渐变擦除过渡

2. 立方体旋转

此过渡效果使用旋转的立方体创建从素材A到素材B的过渡效果，单击缩览图四周的三角形按钮，可以将效果设置为从北到南、从南到北、从西到东或从东到西过渡，如图9-102所示。

图9-102　立方体旋转过渡

3. 翻转

此过渡效果将沿垂直轴翻转素材A来显示素材B。单击"效果控件"面板底部的"自定义"按钮，打开"翻转设置"对话框，可以设置带数和填充颜色，如图9-103所示。

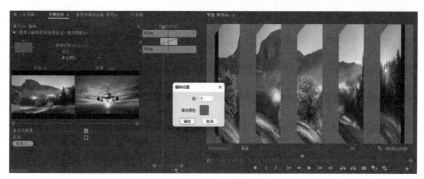

图 9-103　翻转过渡

9.4.8　页面剥落过渡效果

页面剥落类过渡效果模仿翻转显示下一页的书页，素材A在第一页上，素材B在第二页上。这类过渡效果包括"翻页"和"页面剥落"两种过渡。

1. 翻页

使用此过渡效果，页面将翻转，但不发生卷曲。在翻转显示素材B时，可以看见素材A颠倒出现在页面的背面。图9-104显示了"翻页"过渡的设置和预览效果。

图 9-104　翻页过渡

2. 页面剥落

在此过渡效果中，素材A从页面左边滚动到页面右边(没有发生卷曲)来显示素材B。图9-105显示了"页面剥落"过渡的设置和预览效果。

图 9-105　页面剥落过渡

9.5 本章小结

本章介绍了Premiere Pro 2024视频过渡的应用,读者需要重点掌握在"效果"面板中管理效果、添加视频过渡效果、应用默认过渡效果、设置效果的默认持续时间、更改过渡效果的持续时间、修改过渡效果的对齐方式等操作,并熟悉各个过渡效果的作用。

9.6 思考与练习

1. 在Premiere Pro 2024_____面板的_____效果文件夹中存储了不同的过渡效果。

2. 默认情况下,Premiere Pro 2024的默认过渡效果为_____,该效果的图标有一个蓝色的边框。

3. 在_____过渡效果中,素材B出现在画面左上角的一个小矩形框中。在擦除过程中,该矩形框逐渐变大,直到素材B替代素材A。

4. 什么是技巧过渡?技巧过渡的方法有哪些?

5. Premiere Pro 2024的视频过渡效果存放在什么地方?

6. 新建一个项目和序列,在"项目"面板中导入素材,并设置各个素材的持续时间为3秒,然后依次将过渡效果中的"带状擦除""百叶窗""风车"效果添加到各个素材的入点处,视频的预览效果如图9-106所示。

图 9-106 视频预览效果

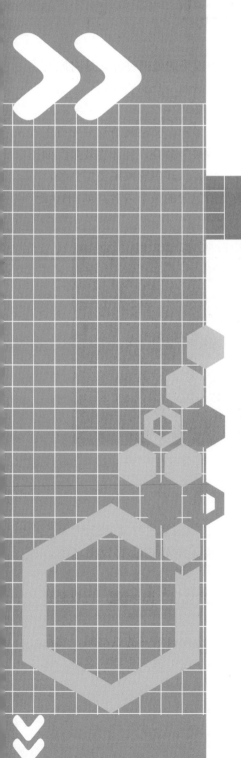

第 **10** 章

视 频 效 果

　　在视频中添加视频效果，可以使视频画面更加绚丽多彩。在Premiere Pro 2024中通过使用各种视频效果，可以使视频产生扭曲、模糊、幻影、镜头光晕、闪电等特殊效果。本章将详细介绍Premiere Pro 2024中视频效果的类型、操作与应用。

10.1　视频效果基本操作

视频效果是一些由Premiere封装好的程序，专门用于处理视频画面，并且按照指定的要求实现各种视觉效果。Premiere Pro 2024的视频效果集合在"效果"面板中。

10.1.1　视频效果概述

在Premiere中，视频效果是指对素材运用视频特效。视频效果的处理过程就是将原有素材或已经处理过的素材，经过软件中内置的程序处理后，再按照用户的要求输出。运用视频效果，可以修补视频素材中的缺陷，也可以产生特殊的效果。

对视频素材添加视频效果后，可以使图像看起来更加绚丽多彩，使枯燥的视频变得生动起来，从而产生不同于现实的视频效果。选择"窗口"|"效果"命令，打开"效果"面板，然后单击"视频效果"素材箱前面的三角形将其展开，会显示其中的效果类型列表，如图10-1所示。展开一个效果类型素材箱，可以显示该类型所包含的效果内容，如图10-2所示。

图 10-1　视频效果类型列表

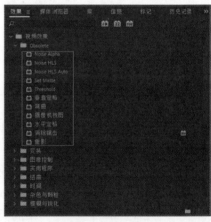
图 10-2　显示效果内容

10.1.2　视频效果的管理

使用Premiere视频效果时，可以使用"效果"面板的功能选项对其进行辅助管理。

- 查找效果：在"效果"面板顶部的查找文本框中输入想要查找的效果名称，Premiere将会自动查找指定的效果，如图10-3所示。
- 新建素材箱：单击"效果"面板底部的"新建自定义素材箱"图标，可以新建一个素材箱来对效果进行管理。
- 重命名素材箱：自定义素材箱的名称可以随时修改。选中自定义的素材箱，然后单击素材箱名称，当素材箱名称高亮显示时，在名称字段中输入想要的名称，如图10-4所示。

○ 删除素材箱：选中自定义素材箱，单击面板底部的"删除自定义项目"图标，
并在出现的提示框中单击"确定"按钮。

图 10-3 查找效果

图 10-4 新建并重命名素材箱

10.1.3 添加视频效果

为素材添加视频效果的操作方法与添加视频过渡的操作方法相似。在"效果"面板中选择一个视频效果，将其拖到"时间轴"面板中的素材上，即可将该视频效果应用到素材上。

【练习10-1】创建旋转扭曲效果。

01 新建一个项目文件，在"项目"面板中导入素材对象，如图10-5所示。

02 新建一个序列，将"项目"面板中的素材添加到"时间轴"面板的视频1轨道中，如图10-6所示。

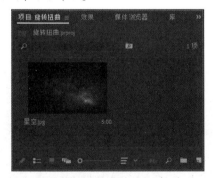

图 10-5 导入素材

图 10-6 添加素材

03 选择"窗口"|"效果"命令，打开"效果"面板，选择"视频效果"|"扭曲"|"旋转扭曲"视频效果，如图10-7所示。

04 将选择的视频效果拖动到"时间轴"面板中的素材上，即可在该素材上应用所选择的效果。在"效果控件"面板中可以查看和设置添加的效果，如图10-8所示。

05 在"节目监视器"面板中可以预览添加的"旋转扭曲"效果，原图与添加"旋转扭曲"效果后的对比效果如图10-9和图10-10所示。

图 10-7　选择"旋转扭曲"效果

图 10-8　添加的"旋转扭曲"效果

图 10-9　添加效果前

图 10-10　添加效果后

10.1.4　禁用和删除视频效果

为素材添加某个视频效果后，用户可以暂时对添加的效果进行禁用，也可以将其删除。

1. 禁用效果

为素材添加视频效果后，如果需要暂时禁用该效果，可以在"效果控件"面板中单击效果前面的"切换效果开关"按钮，如图10-11所示。此时，该效果前面的图标将变成禁用图标，表示禁用该效果，如图10-12所示。

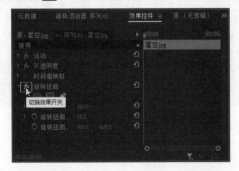

图 10-11　单击"切换效果开关"按钮

图 10-12　禁用效果

❖ **注意：**

禁用效果后，再次单击效果前面的"切换效果开关"按钮，可以重新启用该效果。

2. 删除效果

为素材添加视频效果后，如果需要删除该效果，可以在"效果控件"面板中选中该效果，然后单击"效果控件"面板右上角的菜单按钮 ，在弹出的菜单中选择"移除所选效果"命令，即可将选中的效果删除，如图10-13所示。

如果为某个素材添加了多个视频效果，可以单击"效果控件"面板右上角的菜单按钮 ，在弹出的菜单中选择"移除效果"命令，打开"删除属性"对话框。在该对话框中可以选择多个要删除的视频效果，然后将其删除，如图10-14所示。

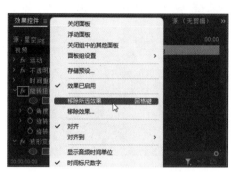

图10-13 选择"移除所选效果"命令

图10-14 "删除属性"对话框

❖ **注意：**

对素材添加视频效果后，在"效果控件"面板中选中该效果，可以按Delete键快速将其删除。

10.2 编辑视频效果

为素材添加视频效果后，可以在"效果控件"面板中对其参数进行设置，也可以通过在不同时间段添加关键帧来设置不同的效果。

10.2.1 设置视频效果参数

在"时间轴"面板中选择已经添加视频效果的素材后，即可在"效果控件"面板中看到为素材添加的视频效果，图10-15所示为"波形变形"视频效果。单击视频效果中各选项前面的三角形按钮，可以展开该效果的参数选项，如图10-16所示。

在"效果控件"面板中可以通过拖动参数中的滑块，或是在参数文本框中输入值来调节其中的参数值，从而更改图像的效果。例如，图10-17所示的图像是为素材添加"波形变形"后的效果，当修改"波形变形"效果的波形高度和波形宽度后，可以得到如图10-18所示的效果。

图10-15　"效果控件"面板

图10-16　展开效果参数

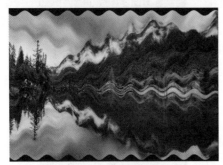

图10-17　"波形变形"效果

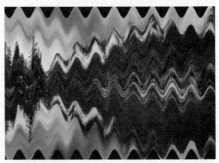

图10-18　修改效果参数后

10.2.2　设置效果关键帧

同编辑运动效果一样,为素材添加视频效果后,在"效果控件"面板中单击"切换动画"按钮█,将开启视频效果的动画设置功能,同时在当前时间位置创建一个关键帧,如图10-19所示。开启动画设置功能后,可以通过创建和编辑关键帧对视频效果进行动画设置。在"效果控件"面板中开启动画设置功能后,将时间指示器移到新的位置,可以通过单击参数后方的"添加-移除关键帧"按钮█,在指定的时间位置添加或删除关键帧。用户可以通过修改关键帧的参数,编辑当前时间位置的视频效果,如图10-20所示。

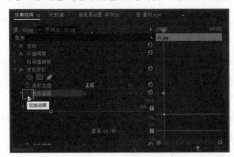

图10-19　开启动画设置功能

图10-20　修改关键帧参数

❖ 注意:

开启视频效果的动画设置功能后,将时间指示器移到新的位置,直接修改效果的参数,也可以在此时间添加一个关键帧。

10.3 常用视频效果详解

Premiere Pro 2024提供了上百种视频效果，被分类保存在19个文件夹中。由于Premiere Pro 2024的视频效果太多，因此这里只对常用的视频效果进行介绍。

10.3.1 变换效果

"变换"素材箱中包含5种效果，主要用来变换画面的效果，如图10-21所示。下面以图10-22所示的图像为例，对其中常用的效果进行介绍。

图 10-21 "变换"类效果

图 10-22 素材原效果

1. 垂直翻转

在素材上运用该效果，可以将画面沿水平中心翻转180°，类似于倒影效果，所有的画面都是翻转的，如图10-23所示。该效果没有可设置的参数。

2. 水平翻转

在素材上运用该效果，可以将画面沿垂直中心翻转180°，效果与垂直翻转类似，只是方向不同而已，如图10-24所示。该效果没有可设置的参数。

图 10-23 垂直翻转效果

图 10-24 水平翻转效果

3. 羽化边缘

在素材上运用该效果，通过在"效果控件"面板中调节羽化边缘的数量(如图10-25所示)，可以在画面周围产生羽化效果，如图10-26所示。

图10-25　羽化边缘设置

图10-26　羽化边缘效果

4. 裁剪

裁剪效果用于裁剪素材的画面，通过调节如图10-27所示的"效果控件"面板中的参数，可以从上、下、左、右四个方向裁剪画面。图10-28所示的是将画面右侧裁剪后的效果。

图10-27　调节裁剪参数

图10-28　裁剪右侧画面

10.3.2　图像控制效果

"图像控制"素材箱中包含4种图像色彩控制的效果，该类效果主要用于改变影片的色彩，如图10-29所示。下面以图10-30所示的图像为例，对其中常用的效果进行介绍。

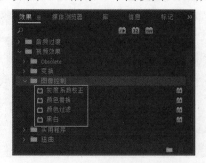

图10-29　"图像控制"类效果

图10-30　素材原效果

1. 灰度系数校正

在素材上运用该效果，可以通过调整灰度系数参数，在不改变图像的高亮区域和低亮区域的情况下，使图像变亮或变暗，如图10-31所示。图10-32所示的是对素材应用"灰度系数校正"效果后的效果。

图 10-31 调节灰度系数

图 10-32 灰度系数校正效果

2. 颜色替换

在素材上运用该效果，可以用指定的颜色代替选中的颜色及与之相似的颜色。在"效果控件"面板中可以设置目标颜色和替换颜色，以及颜色的相似性，如图10-33所示。在"效果控件"面板中单击目标颜色或替换颜色图标，可以在打开的"拾色器"对话框中选择要替换的目标颜色或需要使用的颜色，如图10-34所示。

图 10-33 设置颜色参数

图 10-34 "拾色器"对话框

颜色替换参数说明如下。

- ○ 纯色：设置是否采用纯色进行色彩替换。
- ○ 目标颜色：设置需要替换掉的颜色。
- ○ 替换颜色：设置需要替换成的颜色。

❖ **注意：**

在对图像进行颜色替换的过程中，也可以使用"效果控件"面板中的吸管工具 ，在图像中吸取选择要替换的颜色和需要使用的颜色。

3. 颜色过滤

使用"颜色过滤"效果可强调图像的特定区域，颜色过滤参数设置如图10-35所示。"颜色过滤"效果可以将图像中某种颜色以外的图像转换成灰度，如果在"效果控件"面板中选中"反相"复选框，则是将指定颜色的图像转换成灰度，如图10-36所示的是将图像中红色的图像转换为灰度后的效果。

图 10-35 "颜色过滤"参数设置

图 10-36 颜色过滤效果

"颜色过滤"参数说明如下。

○ 相似性：设置过滤色的相似性。

○ 反相：反向设置过滤的颜色。

○ 颜色：设置过滤的颜色，也可以使用吸管工具选择过滤的颜色。

4. 黑白

在素材上运用该效果，可以直接将彩色图像转换成灰度图像，如图10-37所示，该效果没有可设置的参数，如图10-38所示。

图 10-37 黑白效果

图 10-38 "黑白"效果没有可设置的参数

10.3.3 扭曲效果

"扭曲"素材箱中包含12种视频效果，如图10-39所示，该类型效果主要用于对图像进行几何变形。下面以图10-40所示的图像为例，对其中常用的效果进行介绍。

图 10-39 "扭曲"类效果

图 10-40 素材原效果

1. 偏移

在素材上运用该效果，可以对图像进行偏移，从而产生重影效果，并且可以设置偏移后的画面与原画面之间的距离，其参数如图10-41所示。图10-42是对素材运用"偏移"效果后的效果。

图 10-41 "偏移"效果参数

图 10-42 应用偏移效果

2. 变换

该效果可以对图像的位置、尺寸、不透明度、倾斜、旋转等进行综合设置，其参数如图10-43所示。图10-44所示的是对画面进行倾斜处理后的效果。

图 10-43 "变换"效果参数

图 10-44 倾斜画面

3. 放大

在素材上运用该效果，可以对图像的局部进行放大处理。通过设置该效果的参数，可以选择圆形放大或者正方形放大，如图10-45所示。图10-46所示的是对图像中间的建筑进行圆形放大后的效果。

图 10-45 "放大"效果参数

图 10-46 圆形放大局部

"放大"效果参数说明如下。

○ 形状：用于选择圆形或正方形放大图像。

○ 中央：用于指定放大的位置。

○ 放大率：用于设置放大画面的比例。

○ 链接：在右侧的下拉列表中有3种放大形式供用户选择，如图10-47所示。

○ 大小：用于设置放大区域的范围大小。

○ 羽化：通过羽化设置，可以使放大的边缘与原图像自然融合。

○ 不透明度：用于设置放大后图像的不透明度，降低不透明度可以显示放大的图像与原图像两个画面效果，如图10-48所示。

○ 缩放：在右侧的下拉列表中有标准、柔和、扩散3种选项供用户选择。

○ 混合模式：用于设置放大后的图像与原图像之间的混合效果。

图 10-47　3 种放大形式　　　　　　　　　　　　图 10-48　设置不透明度

4. 旋转扭曲

在素材上运用该效果，可以制作出图像沿中心轴旋转扭曲的效果，通过效果参数可以调整扭曲的角度和强度，如图10-49所示。图10-50所示的是对画面进行旋转扭曲后的效果。

图 10-49　设置旋转扭曲参数　　　　　　　　　　图 10-50　旋转扭曲效果

5. 波形变形

在素材上运用该效果，可以制作出水面的波浪效果，如图10-51所示。通过效果参数可以设置波形的类型、方向和强度等，如图10-52所示。

图 10-51 波形变形效果

图 10-52 设置波形变形参数

6. 湍流置换

在素材上运用该效果，可以使画面产生杂乱的变形效果，如图10-53所示。在效果参数中可以设置多种置换模式，如图10-54所示。

图 10-53 湍流置换效果

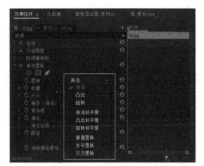

图 10-54 设置置换模式

7. 球面化

在素材上运用该效果，可以制作出球形的画面效果，如图10-55所示。该效果的参数如图10-56所示，具体说明如下。

○ 半径：用于设置球形的半径。

○ 球面中心：用于设置球形中心的坐标。

图 10-55 球面化效果

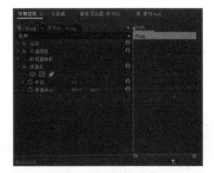

图 10-56 球面化参数

8. 边角定位

在素材上运用该效果，可以使图像的四个顶点发生位移，以达到变形画面的效果，如

图10-57所示。该效果中的4个参数分别代表图像四个顶点的坐标，如图10-58所示。

图10-57　移动左上角的效果

图10-58　边角定位效果参数

9. 镜像

在素材上运用该效果，可以将图像沿一条直线分割为两部分，并制作出镜像效果，如图10-59所示。该效果的参数如图10-60所示。

图10-59　镜像图像

图10-60　镜像效果参数

具体参数说明如下。

- ○ 反射中心：用于设置镜像中心点的坐标。
- ○ 反射角度：用于设置镜像图像的角度。

10. 镜头扭曲

在素材上运用该效果，可以使画面沿垂直轴和水平轴扭曲，制作出用变形透视镜观察对象的效果，如图10-61所示。应用该效果时，可以在"效果控件"面板中设置镜头扭曲参数，如图10-62所示。

图10-61　镜头扭曲效果

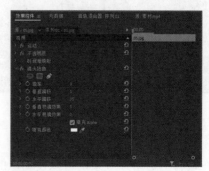

图10-62　设置镜头扭曲参数

具体参数说明如下。

- ○ 曲率：用于设置镜头扭曲的扭曲度。
- ○ 垂直偏移：用于设置镜头扭曲的垂直偏移值。
- ○ 水平偏移：用于设置镜头扭曲的水平偏移值。
- ○ 垂直棱镜效果：用于设置镜头扭曲的垂直棱镜效果。
- ○ 水平棱镜效果：用于设置镜头扭曲的水平棱镜效果。
- ○ 填充Alpha：控制是否开启Alpha填充效果。
- ○ 填充颜色：用于设置镜头扭曲的填充颜色。

【练习10-2】制作五画同映。

01 新建一个项目，然后在"项目"面板中导入素材，如图10-63所示。

02 新建一个序列，在"新建序列"对话框中设置编辑模式为"自定义"，然后设置视频画面的大小，如图10-64所示。

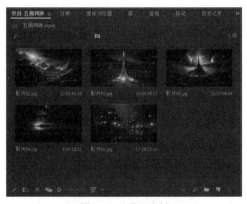

图 10-63　导入素材

图 10-64　"新建序列"对话框

03 选择"序列"|"添加轨道"命令，打开"添加轨道"对话框。设置添加视频轨道的数量为2，如图10-65所示。

04 选中"影片01.mp4"素材，然后选择"剪辑"|"速度/持续时间"命令。在打开的"剪辑速度/持续时间"对话框中，设置素材的持续时间为10秒，如图10-66所示。

图 10-65　添加视频轨道

图 10-66　修改持续时间

05 使用同样的方法将其他影片素材的持续时间都改为10秒。再将各个影片素材依次添加到"时间轴"面板的视频1~视频5轨道上，如图10-67所示。

06 打开"效果"面板，选择"视频效果"|"扭曲"|"边角定位"视频效果，如图10-68所示。然后将"边角定位"效果依次添加到视频2~视频5轨道中的素材上。

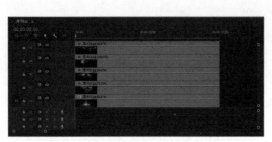

图10-67 在"时间轴"面板中添加素材 　　　　　　图10-68 选择视频效果

07 选择视频5轨道中的素材，然后打开"效果控件"面板，展开"边角定位"效果选项组，将时间指示器移到第0秒的位置。单击"左下"和"右下"选项前面的"切换动画"按钮█，开启动画功能，这样同时会在当前时间位置自动为这两个选项各添加一个关键帧，如图10-69所示。

08 将时间指示器移到第1秒的位置，然后单击"左下"和"右下"选项前面的"添加-移除关键帧"按钮█，在此时间位置为这两个选项各添加一个关键帧。然后设置"左下"的坐标为(320，180)，设置"右下"的坐标为(850，180)，如图10-70所示。

图10-69 开启动画设置 　　　　　　　　图10-70 设置关键帧及参数

09 将时间指示器移到第1秒的位置，在"节目监视器"面板中对影片进行预览，效果如图10-71所示。

10 选择视频4轨道中的素材，将时间指示器移到第2秒的位置。在"效果控件"面板中为"左上"和"右上"选项各添加一个关键帧，如图10-72所示。

11 将时间指示器移到第3秒的位置，为"左上"和"右上"选项各添加一个关键帧，然后将"左上"的坐标改为(320，540)，将"右上"的坐标改为(850，540)，如图10-73所示。

12 将时间指示器移到第3秒的位置，在"节目监视器"面板中对影片进行预览，效果如图10-74所示。

图10-71 第1秒预览效果

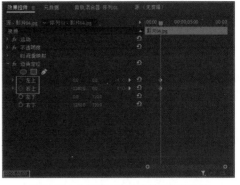

图10-72 为轨道4中的素材添加关键帧

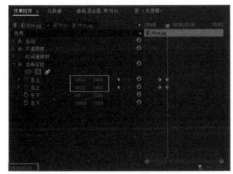

图10-73 设置关键帧及参数

图10-74 第3秒预览效果

13 选择视频3轨道中的素材，将时间指示器移到第4秒的位置，在"效果控件"面板中为"右上"和"右下"选项各添加一个关键帧，如图10-75所示。

14 将时间指示器移到第5秒的位置，继续为"右上"和"右下"选项各添加一个关键帧，并将"右上"的坐标改为(320，180)，将"右下"的坐标改为(320，540)，如图10-76所示。

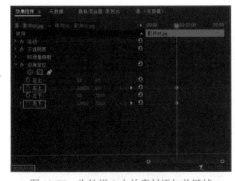

图10-75 为轨道3中的素材添加关键帧

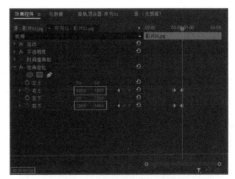

图10-76 设置关键帧及参数

15 将时间指示器移到第5秒的位置，在"节目监视器"面板中对影片进行预览，效果如图10-77所示。

16 选择视频2轨道中的素材，将时间指示器移到第6秒的位置，在"效果控件"面板中为"左上"和"左下"选项各添加一个关键帧，如图10-78所示。

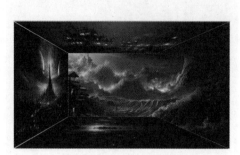

图 10-77　第 5 秒预览效果

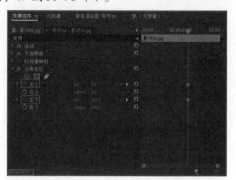

图 10-78　为轨道 2 中的素材添加关键帧

17 将时间指示器移到第7秒的位置，在"效果控件"面板中继续为"左上"和"左下"选项各添加一个关键帧，并将"左上"的坐标改为(850，180)，将"左下"的坐标改为(850，540)，如图10-79所示。

18 将时间指示器移到第7秒的位置，在"节目监视器"面板中对影片进行预览，效果如图10-80所示。

图 10-79　设置关键帧及参数

图 10-80　第 7 秒预览效果

19 选择视频1轨道中的素材，将时间指示器移到第8秒的位置，在"效果控件"面板中展开"运动"选项组，在"缩放"选项中添加一个关键帧，如图10-81所示。

20 将时间指示器移到第9秒的位置，在效果控件面板中为"缩放"选项添加一个关键帧，并设置"缩放"选项的值为50，如图10-82所示。

图 10-81　为轨道 1 中的素材添加关键帧

图 10-82　设置关键帧及参数

21 在"节目监视器"面板中对编辑好的影片进行播放，效果如图10-83所示。

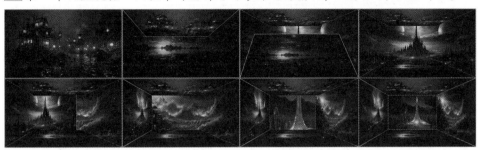

图 10-83　五画同映效果

10.3.4　杂色与颗粒效果

"杂色与颗粒"素材箱中只有"杂色"视频效果，该效果主要用于对图像添加杂色效果，如图10-84所示。设置参数中的杂色数量可以调节杂色的多少，如图10-85所示。

图 10-84　杂色效果

图 10-85　杂色参数

10.3.5　模糊与锐化效果

"模糊与锐化"素材箱中包含6种效果，主要用来调整画面的模糊和锐化效果，如图10-86所示。下面以图10-87所示的图像为例，对其中常用的效果进行介绍。

图 10-86　"模糊与锐化"效果类型

图 10-87　原素材效果

1. 减少交错闪烁

该效果可以使视频素材产生上下交错的模糊效果，交错闪烁通常是由在交错素材中显现的条纹引起的。在处理交错素材时，"减少交错闪烁"效果非常有用，该效果可以减少纵向频率，以使图像更适用于交错媒体(如 NTSC 视频)。

用户可以通过调整柔和度参数来设置模糊的程度，减少交错闪烁参数如图10-88所示，减少交错闪烁的模糊效果如图10-89所示。

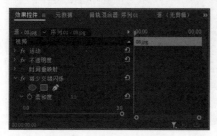

图 10-88　减少交错闪烁参数

图 10-89　减少交错闪烁的模糊效果

2. 方向模糊

该效果可以设置画面的模糊方向和模糊程度，如图10-90所示，使画面产生一种运动的效果，如图10-91所示。

图 10-90　设置方向模糊参数

图 10-91　方向模糊效果

3. 相机模糊

在素材上运用该效果，可以生成图像离开相机焦点范围时产生的"虚焦"效果。在效果参数中可以设置模糊的百分比，如图10-92所示。应用该效果时，可以在"效果控件"面板中单击"设置"按钮 ⇥🗐，在打开的"相机模糊设置"对话框中对画面进行实时调节，如图10-93所示。

图 10-92　相机模糊参数

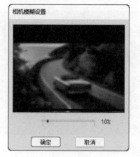

图 10-93　"相机模糊设置"对话框

4. 钝化蒙版

该效果用于调整图像的色彩锐化程度，可以使相邻像素的边缘呈高亮显示，其参数如图10-94所示，运用该效果后的效果如图10-95所示。

图 10-94 钝化蒙版参数

图 10-95 钝化蒙版效果

具体参数说明如下。

○ 数量：用于设置锐化程度。

○ 半径：用于设置锐化的区域。

○ 阈值：用于调整颜色区域。

5. 锐化

在素材上运用该效果，可以通过调节其中的"锐化量"参数(如图10-96所示)，增加相邻像素间的对比度，使图像变得更清晰，如图10-97所示。

图 10-96 调节锐化参数

图 10-97 锐化效果

6. 高斯模糊

该效果可以大幅度地模糊图像，使其产生虚化效果，其参数如图10-98所示，运用该效果后的效果如图10-99所示。

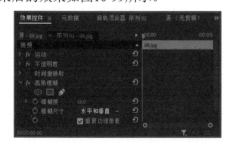

图 10-98 高斯模糊参数

图 10-99 高斯模糊效果

具体参数说明如下。

○ 模糊度：用于调节和控制模糊程度，值越大，图像越模糊。

○ 模糊尺寸：在右侧的下拉列表中可以选择图像的模糊方向，包括"水平和垂直""水平""垂直"3个方向。

10.3.6 生成效果

"生成"素材箱中包含4种效果,主要用来创建一些特殊的画面效果,如图10-100所示。下面以图10-101所示的图像为例,对其中常用的4种效果类型进行介绍。

图 10-100 "生成"效果类型

图 10-101 原素材效果

1. 四色渐变

该效果可以产生四色渐变,通过选择4个效果点和颜色来定义渐变颜色。渐变包括混合在一起的4个纯色环,每个纯色环都有一个效果点作为中心,其参数如图10-102所示。对素材使用"四色渐变"效果,设置混合模式为"叠加",得到的效果如图10-103所示。

图 10-102 四色渐变参数

图 10-103 "叠加"渐变效果

具体参数说明如下。

- 位置和颜色:颜色选项用于设置该点的颜色;设置点坐标可以改变对应颜色的位置。
- 混合:用于设置各个颜色的混合程度。
- 抖动:设置渐变颜色在视频画面的抖动效果。
- 不透明度:设置渐变颜色在视频画面的不透明度。
- 混合模式:设置渐变颜色与原视频画面的混合方式,包括"无""正常""相加""叠加"等多种模式。

2. 渐变

该效果用于在画面中创建渐变效果,通过效果中的参数可以控制渐变的颜色,并且可以设置渐变与原画面的混合程度,如图10-104所示。例如,设置渐变从黑色到白色,渐变与原始图像的混合比例为40%,效果如图10-105所示。

图 10-104　渐变参数

图 10-105　渐变效果

3. 镜头光晕

该效果用于在画面中创建镜头光晕，模拟强光折射进画面的效果，通过效果中的参数可以设置镜头光晕的坐标、亮度和镜头类型等，如图10-106所示。运用镜头光晕效果后的效果如图10-107所示。

图 10-106　镜头光晕参数

图 10-107　镜头光晕效果

具体参数说明如下。

- ○　光晕中心：用于调整光晕的位置，也可以使用鼠标拖动十字光标来调节光晕的位置。
- ○　光晕亮度：用于调整光晕的亮度。
- ○　镜头类型：在右侧的下拉列表中可以选择"50-300毫米变焦""35毫米定焦"和"105毫米定焦"3种类型。其中，"50-300毫米变焦"产生光晕并模仿太阳光的效果；"35毫米定焦"只产生强光，没有光晕；"105毫米定焦"产生比前一种镜头更强的光。

4. 闪电

该效果用于在画面中创建闪电效果，通过"效果控件"面板可以设置闪电的起始点和结束点，以及闪电的波幅等参数，如图10-108所示，应用该效果后得到的效果如图10-109所示。

具体参数说明如下。

- ○　起始点：用于设置闪电开始点的位置。
- ○　结束点：用于设置闪电结束点的位置。
- ○　分段：用于设置闪电光线的数量。
- ○　振幅：用于设置闪电光线的振幅。

- 细节级别：用于设置光线颜色的色阶。
- 细节振幅：用于设置光线波的振幅。
- 分支：用于设置每束光线的分支。
- 再分支：用于设置再分支的位置。
- 分支角度：用于设置光线分支的角度。
- 分支段长度：用于设置光线分支的长度。
- 分支段：用于设置光线分支的数目。
- 分支宽度：用于设置光线分支的粗细。
- 速度：用于设置光线变化的速率。
- 稳定性：用于设置固定光线的数值。
- 固定端点：通过设置的值对结束点的位置进行调整。
- 宽度：用于设置光线的粗细。
- 宽度变化：用于设置光线粗细的变化。
- 核心宽度：用于设置光源的中心宽度。
- 外部颜色：用于设置光线外部的颜色。
- 内部颜色：用于设置光线内部的颜色。
- 拉力：用于设置光线推拉时的数值。
- 拖拉方向：用于设置光线推拉时的角度。
- 随机植入：用于设置光线辐射变化时的速度级别。
- 混合模式：用于设置光线和背景的混合模式。
- 模拟：选中"在每一帧处重新运行"复选框，可以在每一帧上都重新运行。

图10-108 闪电效果参数

图10-109 闪电效果

10.3.7 调整效果

"调整"素材箱中包含4种效果，主要用于对素材进行明暗度调整，以及对素材添加光照效果，如图10-110所示。下面以图10-111所示的图像为例，对其中常用的效果进行介绍。

图 10-110　"调整"效果类型

图 10-111　原素材效果

1. ProcAmp(基本信号控制)

ProcAmp(基本信号控制)效果模仿标准电视设备上的处理放大器。此效果调整剪辑图像的亮度、对比度、色相、饱和度及拆分百分比，参数如图10-112所示。图10-113所示的是设置"亮度"为15、"色相"为10的拆分效果。

图 10-112　ProcAmp 效果参数

图 10-113　ProcAmp 拆分效果

2. 光照效果

此效果可以在素材上产生有创意的光照，最多可采用五个光照来产生有创意的光照，其参数如图10-114所示。"光照效果"可用于控制光照属性，如光照类型、角度、强度、颜色、光照中心和光照传播。还有一个"凹凸层"控件，可以使用其他素材中的纹理或图案产生特殊光照效果。图10-115所示的是对素材使用的光照效果。

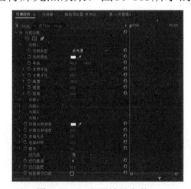

图 10-114　光照效果参数

图 10-115　光照效果

具体参数说明如下。

- 光照1：同光照 2、3、4、5一样，用于添加灯光效果。
- 环境光照颜色：用于设置灯光的颜色。

207

- 环境光照强度：用于控制灯光的强烈程度。
- 表面光泽：用于控制表面的光泽强度。
- 表面材质：用于设置表面的材质效果。
- 曝光：用于控制灯光的曝光大小。
- 凹凸层、凹凸通道、凹凸高度、白色部分凹凸：分别用于设置产生浮雕的轨道、通道、大小和反转浮雕的方向。

3. 提取

"提取"效果从视频剪辑中移除颜色，从而创建灰度图像。明亮度值小于输入黑色阶或大于输入白色阶的像素将变为黑色，该效果的参数如图10-116所示。对素材使用"提取"的效果如图10-117所示。

图 10-116　提取参数

图 10-117　提取效果

具体参数说明如下。

- 输入黑色阶：设置图像暗色的范围。
- 输入白色阶：设置图像亮色的范围。
- 柔和度：设置明暗过渡的柔和度。
- 反转：选中该复选框后，反转明暗效果。

4. 色阶

"色阶"效果通过设置RGB色阶、RGB灰度系数、R(红色)色阶、R(红色)灰度系数、G(绿色)色阶、G(绿色)灰度系数、B(蓝色)色阶、B(蓝色)灰度系数参数，来调整素材的亮度和对比度，如图10-118所示。图10-119所示的是设置RGB灰度系数为80的效果。

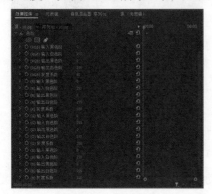
图 10-118　色阶参数

图 10-119　色阶效果

10.3.8 透视效果

"透视"类效果主要用于为素材添加透视效果，"透视"素材箱中包含"基本3D"和"投影"两种效果。

1. 基本3D

运用该效果可以在一个虚拟的三维空间中操作图像。对素材运用"基本3D"效果，素材可以在虚拟空间中绕水平轴和垂直轴转动，还可以产生图像运动的效果。用户还可以在图像上增加反光，产生更逼真的效果，如图10-120所示，基本3D效果的各项参数如图10-121所示。

图 10-120　基本 3D 效果

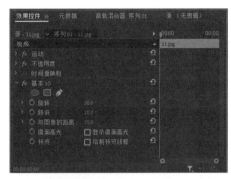

图 10-121　基本 3D 参数

具体参数说明如下。

- ○ 旋转：控制水平旋转的角度。
- ○ 倾斜：控制垂直旋转的角度。
- ○ 与图像的距离：设定图像移近或移远的距离。
- ○ 镜面高光：在图像中加入光线，看起来就好像在图像的上方发生一样。
- ○ 预览：选中该选项后面的复选框，在对图像进行操作时，图像就会以线框的形式显示，加快预览速度。

2. 投影

在素材上运用该效果，可以为画面添加投影效果，如图10-122所示，该效果的参数如图10-123所示。

图 10-122　投影效果

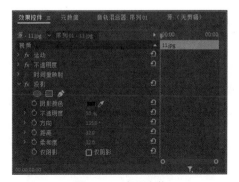

图 10-123　投影参数

具体参数说明如下。

- 阴影颜色：用于设置阴影的颜色。
- 不透明度：用于设置阴影的不透明度。
- 方向：用于设置阴影与画面的相对方向。
- 距离：用于设置阴影与画面的相对位置距离。
- 柔和度：用于设置阴影的柔化程度。
- 仅阴影：选中该选项后面的复选框，表示只显示阴影部分。

10.3.9 通道效果

"通道"素材箱中只有"反转"效果，该效果能够反转颜色值，将黑色转变成白色，将白色转变成黑色，颜色都变成相应的补色，类似于胶片的底片效果，如图10-124所示。其参数如图10-125所示。

图 10-124　反转效果　　　　　　　　　图 10-125　反转参数

具体参数说明如下。

- 声道(即通道)：在右侧下拉列表中可以选择RGB、HLS、YIQ和Alpha等颜色模式。YIQ是NTSC颜色空间，其中Y代表亮度，I代表相位色度，Q代表正交色度。
- 与原始图像混合：设置该参数可以对通道效果和原始图像进行混合。

10.3.10 颜色校正效果

"颜色校正"素材箱中包含6种效果，如图10-126所示，主要用来校正画面的色彩。下面以图10-127所示的图像为例，对其中常用的效果进行介绍。

图 10-126　"颜色校正"效果类型　　　　　图 10-127　原素材效果

1. Brightness & Contrast(亮度与对比度)

该效果用于调整素材的亮度和对比度，并同时调整所有像素的亮部、暗部和中间色，该效果的参数如图10-128所示。例如，对素材应用Brightness & Contrast (亮度与对比度)效果，并提高亮度，得到的效果如图10-129所示。

图 10-128 "亮度与对比度"参数

图 10-129 调整亮度后的效果

2. Lumetri 颜色

"Lumetri 颜色"特效有着非常强大的颜色调整功能，提供了专业质量的颜色分级和颜色校正工具，包括"基本校正""创意""曲线""色轮和匹配""HSL 辅助""晕影"等多个参数面板，如图 10-130 所示。例如，对图像应用"Lumetri 颜色"效果，并调整"颜色"选项组中的"色温"参数，得到的效果如图10-131 所示。

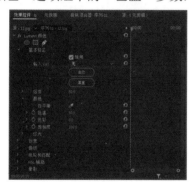

图 10-130 "Lumetri 颜色"参数

图 10-131 "Lumetri 颜色"效果

3. 色彩

该效果可以通过指定的颜色对图像进行颜色映射处理，参数如图10-132所示。图10-133所示的是设置"着色量"值分别为30和70的对比效果。

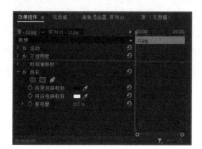

图 10-132 "色彩"参数

图 10-133 不同着色量的对比效果

具体参数说明如下。

○ 将黑色映射到：用于设置图像中改变映射颜色的黑色和灰色。

○ 将白色映射到：用于设置图像中改变映射颜色的白色。

○ 着色量：用于设置色调映射时的映射程度。

4. 颜色平衡

该效果用于调整素材的颜色，参数如图10-134所示。图10-135所示的是增加"高光红色平衡"值后的效果。

图 10-134 "颜色平衡"参数

图 10-135 增加"高光红色平衡"值后的效果

具体参数说明如下。

○ 阴影红色平衡、阴影绿色平衡、阴影蓝色平衡：用于调节阴影的RGB(红绿蓝)色彩平衡。

○ 中间调红色平衡、中间调绿色平衡、中间调蓝色平衡：用于调节中间阴影的RGB(红绿蓝)色彩平衡。

○ 高光红色平衡、高光绿色平衡、高光蓝色平衡：用于调节高光的RGB(红绿蓝)色彩平衡。

【练习10-3】制作老电影效果。

01 新建一个项目，在"项目"面板中导入影片素材，如图10-136所示。

02 新建一个序列，将"项目"面板中的影片素材添加到"时间轴"面板的视频1轨道中，如图10-137所示。

图 10-136 导入素材

图 10-137 添加素材

03 在"节目监视器"面板中对序列中的素材进行预览，效果如图10-138所示。

04 在"效果"面板中选择"视频效果"|"颜色校正"|"色彩"效果，如图10-139所示，将其添加到视频1轨道的素材上。

图 10-138　预览素材效果

图 10-139　选择效果

05 在"效果控件"面板中展开"色彩"效果参数，设置"着色量"为100%，如图10-140所示，将影片调整为灰色效果，如图10-141所示。

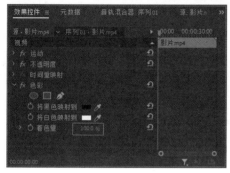

图 10-140　设置"着色量"参数

图 10-141　将影片转换为灰色

06 在"效果"面板中选择"视频效果"|"颜色校正"| Brightness&Contrast (亮度与对比度) 效果，将其添加到视频1轨道的素材上。然后在"效果控件"面板中调整影片的亮度和对比度，如图10-142所示，提高影片的亮度和对比度，效果如图10-143所示。

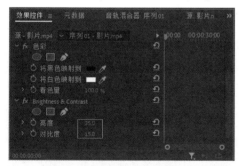

图 10-142　调整亮度和对比度

图 10-143　提高亮度和对比度

07 在"效果"面板中选择"视频效果"|"颜色校正"|"Lumetri 颜色"效果，将其添加到视频1轨道的素材上。然后在"效果控件"面板中调整"晕影"参数，如图10-144所示，制作影片的暗角效果，如图10-145所示。

08 在"效果"面板中选择"蒙尘与划痕"和"杂色"效果，将其添加到视频1轨道的素材上。然后在"效果控件"面板中调整效果参数，如图10-146所示，完成老电影的制作，效果如图10-147所示。

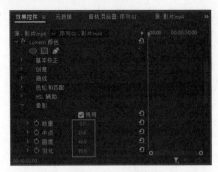

图 10-144　设置"晕影"参数

图 10-145　制作暗角效果

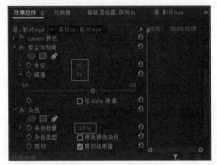

图 10-146　设置效果参数

图 10-147　预览最终效果

10.3.11　风格化效果

"风格化"素材箱中包含9种效果，主要用于在素材上制作发光、描边、浮雕、马赛克等效果，如图10-148所示。下面以图10-149所示的图像为例，对其中常用的效果进行介绍。

图 10-148　"风格化"效果类型

图 10-149　原素材效果

1. Alpha发光

该效果对含有通道的素材起作用，在通道的边缘部分产生一圈渐变的辉光效果，可以在单色的边缘处或者在边缘运动时变成两种颜色，其参数如图10-150所示。对素材运用"Alpha发光"的效果如图10-151所示。

图 10-150 Alpha 发光参数

图 10-151 Alpha 发光效果

具体参数说明如下。

○ 发光：用于调节辉光的伸展长度。

○ 亮度：用于设置辉光的亮度。

○ 起始颜色：用于设置辉光内圈的颜色。

○ 结束颜色：用于设置辉光的过渡颜色。

○ 淡出：选择该复选框，在设定淡出的情况下，两种颜色会被柔化；在未设定淡出
的情况下，将逐渐淡化到透明。

2. 复制

在素材上运用该效果，可将整个画面复制成若干区域画面，每个区域都将显示完整
的画面效果，在该效果的参数中可以设置复制的数量，如图10-152所示，对素材运用"复
制"的效果如图10-153所示

图 10-152 复制参数

图 10-153 复制效果

3. 彩色浮雕

在素材上运用该效果，可以将画面变成浮雕的样式，但并不影响画面的初始色彩，如
图10-154所示，该效果的参数如图10-155所示。

具体参数说明如下。

○ 方向：用于设置浮雕的方向角度。

○ 起伏：用于设置浮雕产生的幅度。

○ 对比度：用于设置浮雕产生的对比度。

○ 与原始图像混合：用于设置浮雕与原画面混合的百分比。

图 10-154 彩色浮雕效果

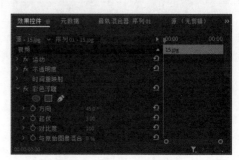

图 10-155 彩色浮雕参数

4. 查找边缘

在素材上运用该效果，可以对图像的边缘进行勾勒，并用线条表示，如图10-156所示。该效果的参数如图10-157所示。

图 10-156 查找边缘效果

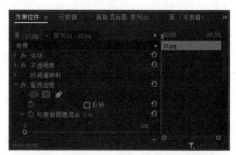

图 10-157 查找边缘参数

具体参数说明如下。

○ 反转：选择该复选框，所有的颜色将成为各自的补色。

○ 与原始图像混合：用于设置产生的效果画面与原图的混合比。

5. 画笔描边

该效果可以向图像应用粗糙的绘画外观，也可以使用此效果实现点彩画样式，如图10-158所示。该效果的参数如图10-159所示。

图 10-158 画笔描边效果

图 10-159 画笔描边参数

具体参数说明如下。

- ❍ 描边角度：用于设置画笔描边的角度。
- ❍ 画笔大小：用于设置画笔描边的笔触大小。
- ❍ 描边长度：用于设置描边对角线条的长度，长度越大，描边效果越明显。
- ❍ 描边浓度：用于设置笔刷的密度，浓度越大，越能产生朦胧感的效果。
- ❍ 绘画表面：用于模拟在不同的媒介上进行绘画所产生的效果。

6. 马赛克

在素材上运用该效果，可以在画面上产生马赛克效果。该效果将画面分成若干网格，每一格都用本格内所有颜色的平均色进行填充，如图10-160所示。该效果的参数如图10-161所示。

图 10-160 马赛克效果

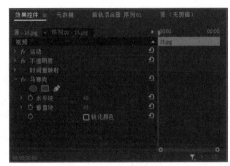

图 10-161 马赛克参数

具体参数说明如下。

- ❍ 水平块：用于设置水平方向上分割格子的数目。
- ❍ 垂直块：用于设置垂直方向上分割格子的数目。
- ❍ 锐化颜色：用于对颜色进行锐化。

10.4 本章小结

本章介绍了Premiere Pro 2024视频效果的相关知识和应用方法，读者需要了解常用视频效果的功能，重点掌握视频效果的管理操作，以及为素材添加视频效果和设置效果参数的方法。

10.5 思考与练习

1. Premiere中提供的视频效果存放在"效果控件"面板的_____素材箱中。

2. 将选择的视频效果拖到_____面板的素材上，即可在该素材上应用所选择的效果。

3. 在素材上运用_____效果，可以使图像的4个顶点发生位移，以达到变形画面的效果。

4. 在素材上运用_____效果，可以将画面变成浮雕的样子，但并不影响画面的初始色彩，产生的效果和浮雕效果类似。

5. 为素材添加视频效果后，如何禁用该效果？

6. 为素材添加视频效果后，如何删除该效果？

7. 创建一个项目和序列，然后导入素材，结合所学知识，为影片创建闪电效果，如图10-162所示。

> ❖ 提示：
>
> 将素材添加到序列轨道中，然后将"视频效果"|"生成"|"闪电"视频效果添加到轨道中的素材上。在"效果控件"面板中对闪电的起始点、结束点、振幅、分支、宽度等参数进行调节，以达到满意的效果。

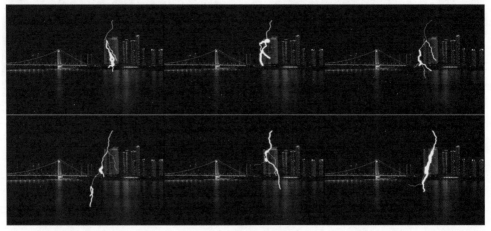

图 10-162　闪电效果

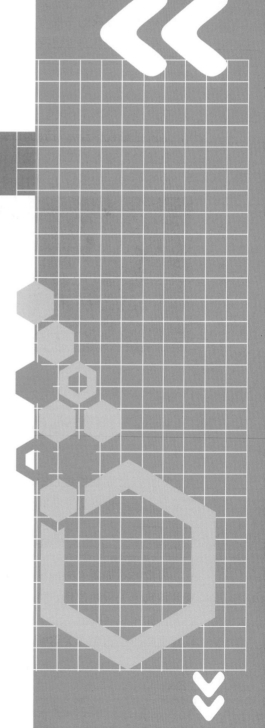

第11章

视频抠像与合成

　　如果在视频2轨道上放置一段视频影像或一张静态图片，在视频1轨道上放置另一段视频影像或另一张静态图片，那么在节目窗口中只能看到视频2轨道上的图像。如果想要看到两个轨道上的图像，则需要渐隐或叠加视频2轨道。

　　本章将介绍两种创建素材合成效果的方法：设置Premiere的"不透明度"选项和利用"效果"面板中的"视频效果"|"键控"功能。

11.1　视频抠像与合成基础

在学习视频合成技术之前，首先要了解视频合成与抠像的基础知识。下面介绍视频合成的方法和抠像的相关知识。

11.1.1　视频合成的方法

进行影片合成的主要方法是通过不同轨道的素材进行叠加，一种是对其不透明度进行调整；另一种则是通过键控(即抠像)合成。

11.1.2　认识抠像

在电视、电影制作中，非常重要的一个技术就是抠像。通过抠像技术可以任意更换背景，这就是影视中经常看到的奇幻背景或惊险镜头的制作方法。

抠像的原理非常简单，就是将背景的颜色抠除，只保留主体对象，这样就可以进行视频合成等处理，如图11-1、图11-2和图11-3所示。

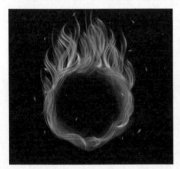

图 11-1　视频 2 轨道图像　　　　图 11-2　视频 1 轨道图像　　　　图 11-3　合成效果

11.2　设置画面的不透明度

在影视后期制作过程中，可以通过调整素材的不透明度，在各个视频轨道间进行素材的混合。用户可以在"时间轴"面板或"效果控件"面板中设置素材的不透明度。

11.2.1　在"时间轴"面板中设置不透明度

将素材添加到"时间轴"面板的视频轨道中，然后在视频轨道左侧空白处进行双击，展开该轨道关键帧控件，可以在素材上看到一条横线，这条横线可以用于控制素材的不透明度，如图11-4所示。上下拖动横线，可以调整该素材的不透明度，如图11-5所示。通过设置不同的不透明度关键帧，可以创建视频画面的渐隐渐现效果。

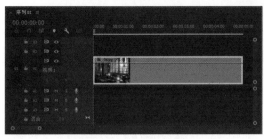

图 11-4　显示不透明度控制线　　　　　图 11-5　调整不透明度

【练习11-1】制作文字淡入淡出效果。

01 新建一个项目，然后导入背景和文字素材，如图11-6所示。

02 将"背景"素材拖到"时间轴"面板中，创建一个以"背景"为基础的序列，如图11-7所示。

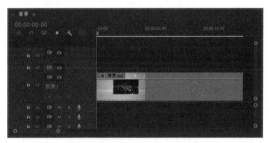

图 11-6　导入素材　　　　　　　　图 11-7　创建序列

03 在"时间轴"面板中选择背景素材，然后选择"剪辑"|"速度/持续时间"命令，在打开的"剪辑速度/持续时间"对话框中设置素材的持续时间为10秒，如图11-8所示。

04 将"文字"素材依次添加到"时间轴"面板的视频2轨道中，并展开视频2轨道，如图11-9所示。

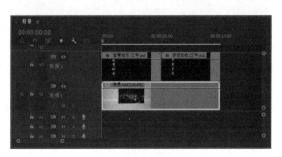

图 11-8　修改背景持续时间　　　　　图 11-9　添加文字素材

05 在"时间轴"面板中右击文字素材左上角的效果图标，在弹出的菜单中选择"不透明度"|"不透明度"命令，如图11-10所示。

06 将时间指示器移到第0秒的位置，然后在"时间轴"面板中单击"添加-移除关键帧"按钮◆，添加一个关键帧，如图11-11所示。

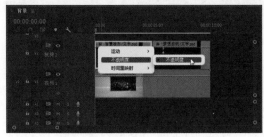
图11-10 选择"不透明度"命令

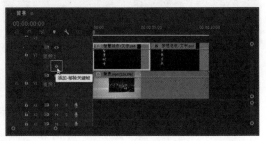
图11-11 添加关键帧

07 在第1秒、第4秒和第4秒24帧的位置，分别单击"添加-移除关键帧"按钮◆，在这些时间位置各添加一个关键帧，如图11-12所示。

08 将第0秒和第4秒24帧的关键帧向下拖动到最下端，即可将这两个关键帧的不透明度设为0，如图11-13所示。

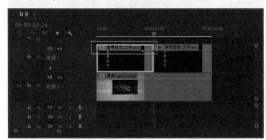
图11-12 在不同时间位置添加关键帧(一)

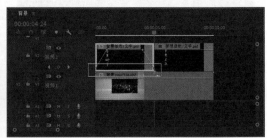
图11-13 向下拖动关键帧(一)

09 使用同样的操作，在第5秒、第6秒、第9秒和第9秒24帧的位置，为第二个文字素材各添加一个关键帧，如图11-14所示。

10 将第5秒和第9秒24帧的关键帧向下拖动到最下端，将这两个关键帧的不透明度设为0，如图11-15所示。

图11-14 在不同时间位置添加关键帧(二)

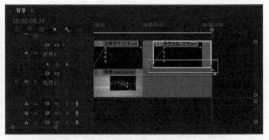
图11-15 向下拖动关键帧(二)

11 在"节目监视器"面板中单击"播放-停止切换"按钮▶，可以预览视频中文字的淡入淡出效果，如图11-16所示。

图 11-16　预览文字的淡入淡出效果

11.2.2　在"效果控件"面板中设置不透明度

在"效果控件"面板中展开"不透明度"选项组，也可以设置所选素材的不透明度。在"不透明度"选项组可以添加并设置不透明度的关键帧，也可以创建不透明度蒙版。

【练习11-2】创建灵魂出窍效果。

01 新建一个项目，在"项目"面板中导入素材，如图11-17所示。

02 将导入的素材拖到"时间轴"面板中，将生成一个新序列，如图11-18所示。

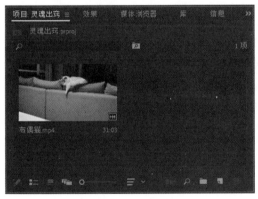

图 11-17　导入素材

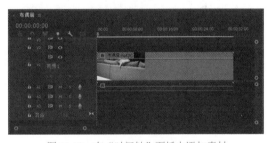

图 11-18　在"时间轴"面板中添加素材

03 拖动时间指示器预览影片效果，然后使用"剃刀"工具 ◆ 将猫的静止片段和运动片段切割开，如图11-19所示。

04 将静止片段的素材放在视频1轨道中，将运动片段的素材放在视频2轨道中，如图11-20所示。

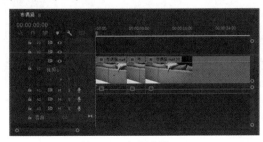

图 11-19　切割素材 (一)

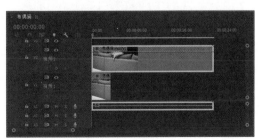

图 11-20　重新编排素材

05 选中静止片段的素材，然后选择"剪辑"|"速度/持续时间"命令，打开"剪辑速度/持续时间"对话框，参照运动片段的持续时间长度，修改静止片段的持续时间，如图11-21所示，使静止片段和运动片段的持续时间一致，如图11-22所示。

图11-21　设置持续时间

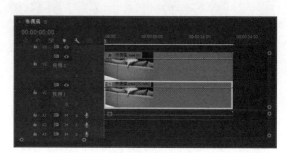

图11-22　使两个片段持续时间一致

06 选择视频2轨道中的素材，切换到"效果控件"面板中，展开"不透明度"选项组，然后单击钢笔按钮，如图11-23所示。

07 使用钢笔工具在"节目监视器"面板中沿着猫静止时的轮廓进行描边，勾画猫的轮廓，如图11-24所示。

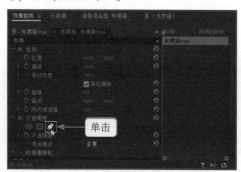

图11-23　单击钢笔按钮

图11-24　勾画猫的轮廓

08 切换到"效果控件"面板中，选中"已反转"复选框，并设置不透明度值，如图11-25所示，完成本例的制作。

09 在"节目监视器"面板中对制作视频进行预览，效果如图11-26所示。

图11-25　设置不透明度参数

图11-26　预览影片效果

11.3 "键控"合成画面效果

"键控"素材箱中包含5种效果，如图11-27所示，下面介绍在两个重叠的素材上运用各种键控效果的方法。

11.3.1 Alpha调整

对素材运用该效果，可以按前面画面的灰度等级来决定叠加的效果。"效果控件"面板中的参数如图11-28所示。

- 不透明度：用于调整画面的不透明度。
- 忽略Alpha：选中该复选框后，将忽略Alpha通道效果。
- 反转Alpha：选中该复选框后，将对Alpha通道进行反向处理。
- 仅蒙版：选中该复选框后，前景素材仅作为蒙版使用。

图 11-27 "键控"效果类型

图 11-28 Alpha 调整参数

在素材上运用该效果后，通过调整"效果控件"面板中的不透明度，可以修改叠加的效果，如图11-29、图11-30和图11-31所示。

图 11-29 轨道 1 素材

图 11-30 轨道 2 素材

图 11-31 Alpha 调整合成效果

11.3.2 亮度键

该效果在对明暗对比十分强烈的图像进行画面叠加时非常有用。在素材上运用该效果，可以将被叠加图像的灰度值设为透明，而且保持色度不变，如图11-32所示。该效果的参数如图11-33所示。

- 阈值：用于指定透明度的临界值。较高的值会增加透明度的范围。
- 屏蔽度：用于设置由"阈值"滑块指定的不透明区域的不透明度。

图 11-32　亮度键合成效果

图 11-33　亮度键参数

11.3.3　超级键

在素材上应用"超级键"效果，可以将素材的某种颜色及相似的颜色范围设置为透明，通过"主要颜色"参数在两个素材间进行叠加，如图11-34、图11-35和图11-36所示。

图 11-34　轨道 1 素材

图 11-35　轨道 2 素材

图 11-36　超级键合成效果

在"超级键"效果参数中，可以设置输出类型、颜色、遮罩等选项，如图11-37所示。

- 输出：用于设置输出的类型，包括"合成""Alpha通道"和"颜色通道"选项，如图11-38所示。

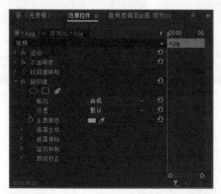
图 11-37　超级键参数

图 11-38　选择输出的类型

- 设置：用于设置抠像类型，包括"默认""弱效""强效"和"自定义"选项。
- 主要颜色：设置透明的颜色值。
- 遮罩生成：调整遮罩产生的属性，包括"透明度""高光""阴影""宽差"和"基值"选项。
- 遮罩清除：调整抑制遮罩的属性，包括"抑制""柔化""对比度"和"中间点"选项。
- 溢出抑制：调整对溢出色彩的抑制，包括"降低饱和度""范围""溢出"和"亮度"选项。
- 颜色校正：调整图像的色彩，包括"饱和度""色相位"和"亮度"选项。

11.3.4　轨道遮罩键

该效果通过一个素材(叠加的素材)显示另一个素材(背景素材)，此过程中使用第三个图像作为遮罩，在叠加的素材中创建透明区域。此效果需要两个素材和一个遮罩，每个素材位于自身的轨道上。遮罩中的白色区域在叠加的素材中是不透明的，防止底层素材显示出来。遮罩中的黑色区域是透明的，而灰色区域是部分透明的。

【练习11-3】制作望远镜效果。

01 新建一个项目，然后将"森林.jpg""窗户.jpg"和"遮罩.jpg"素材导入"项目"面板中，如图11-39所示。

02 新建一个序列，在"新建序列"对话框中展开DV-PAL素材箱，选择"标准32kHz"预设序列，如图11-40所示。

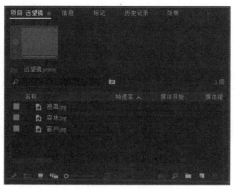

图 11-39　导入素材

图 11-40　"新建序列"对话框

03 将"森林.jpg"素材添加到"时间轴"面板中的视频1轨道中，如图11-41所示。在"节目监视器"面板中的预览效果如图11-42所示。

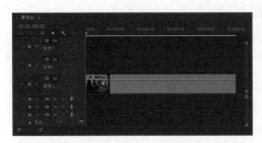

图 11-41 在视频 1 轨道中添加素材

图 11-42 预览效果(一)

04 将"窗户.jpg"素材添加到"时间轴"面板中的视频2轨道中,如图11-43所示。在"节目监视器"面板中的预览效果如图11-44所示。

图 11-43 在视频 2 轨道中添加素材

图 11-44 预览效果(二)

05 将"遮罩.jpg"素材添加到"时间轴"面板中的视频3轨道中,如图11-45所示。在"节目监视器"面板中的预览效果如图11-46所示。

图 11-45 在视频 3 轨道中添加素材

图 11-46 预览效果(三)

06 选择"窗口"|"效果"命令,打开"效果"面板,展开"键控"文件夹,选择"轨道遮罩键"效果,如图11-47所示。

07 将"轨道遮罩键"效果拖到视频2轨道中的窗户素材(即叠加素材)上,然后在"效果控件"面板中设置"遮罩"的轨道为"视频3","合成方式"为"亮度遮罩",并选中"反向"复选框,如图11-48所示。

图11-47 选择"轨道遮罩键"效果

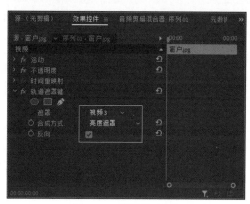

图11-48 设置效果参数

08 在"节目监视器"面板中对添加的效果进行预览，效果如图11-49所示。

09 在"时间轴"面板中选择视频3轨道中的"遮罩.jpg"素材，将时间指示器移到第0秒，然后在"效果控件"面板中为"位置"选项添加一个关键帧，并设置关键帧的位置参数，如图11-50所示。

图11-49 轨道遮罩键合成效果

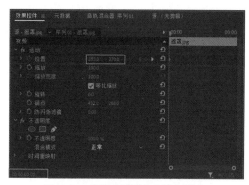

图11-50 设置关键帧的位置参数(一)

10 将时间指示器移到第2秒，然后在"效果控件"面板中为"位置"选项添加一个关键帧，并设置关键帧的位置参数，如图11-51所示。

11 将时间指示器移到第4秒，然后在"效果控件"面板中为"位置"选项添加一个关键帧，并设置关键帧的位置参数，如图11-52所示。

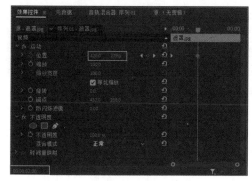

图11-51 设置关键帧的位置参数(二)

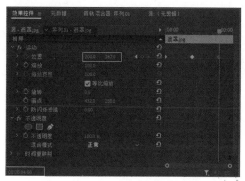

图11-52 设置关键帧的位置参数(三)

12 在"节目监视器"面板中单击"播放-停止切换"按钮▶播放影片,对"轨道遮罩键"效果进行预览,效果如图11-53所示。

图 11-53 视频预览效果

11.3.5 颜色键

该效果用于抠出所有类似于指定的主要颜色的图像像素。此效果仅修改素材的 Alpha 通道。在该效果的参数设置中,可以通过调整容差级别来控制透明颜色的范围,也可以对透明区域的边缘进行羽化,以便创建透明和不透明区域之间的平滑过渡,该效果的参数如图11-54所示。单击"主要颜色"选项右侧的颜色图标,可以打开"拾色器"对话框,在其中对需要指定的颜色进行设置,如图11-55所示。

图 11-54 "颜色键"效果参数　　　　　　　图 11-55 设置颜色

对图11-56和图11-57所示的素材进行合成后的效果如图11-58所示。

图 11-56 素材 1　　　　　图 11-57 素材 2　　　　　图 11-58 合成效果

【练习11-4】更换人物背景。

01 新建一个项目,然后将"人像.jpg"和"背景.jpg"素材导入"项目"面板中,如图11-59所示。

02 新建一个序列,将"背景.jpg"素材添加到"时间轴"面板中的视频1轨道中,如图11-60所示。

图 11-59 导入素材

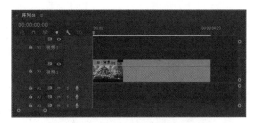

图 11-60 在视频 1 轨道中添加素材

03 在"节目监视器"面板中的对背景素材进行预览，效果如图11-61所示。

04 将"人像.jpg"素材添加到"时间轴"面板中的视频2轨道中，如图11-62所示。

图 11-61 预览效果

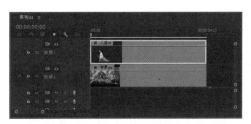

图 11-62 在视频 2 轨道中添加素材

05 在"效果"面板中展开"键控"文件夹，选择"颜色键"效果，如图11-63所示。

06 将"颜色键"效果拖到视频2轨道中的"人像.jpg"素材上，然后在"效果控件"面板中单击"主要颜色"选项右侧的吸管工具，如图11-64所示。

图 11-63 选择"颜色键"效果

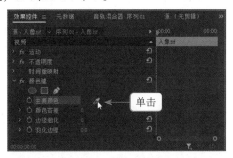

图 11-64 单击吸管工具

07 使用吸管工具在"节目监视器"面板中单击人像之外的颜色(此处为蓝色)，对该颜色图像进行抠除，如图11-65所示，得到的抠图效果图11-66所示。

图 11-65 吸取抠除图像的颜色

图 11-66 抠像效果

08 在"效果控件"面板中适当设置"颜色容差""边缘细化"和"羽化边缘"参数，如图11-67所示，得到更好的抠像效果，如图11-68所示。

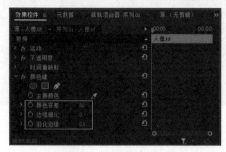

图 11-67　适当设置效果参数

图 11-68　调整参数后的抠像效果

11.3.6　其他键控效果

除了上述介绍的5种常用键控效果，"过时"素材箱中还有"差值遮罩""图像遮罩键""移除遮罩"和"非红色键"等多种以往版本的键控效果。

1. 差值遮罩

用该效果创建透明度的方法是将源素材和差值素材进行比较，然后在源图像中抠出与差值图像中的位置和颜色均匹配的像素。以图11-69至图11-71所示的素材为例，得到的差值遮罩合成效果如图11-72所示。

图 11-69　原始图像

图 11-70　背景图像

图 11-71　上方轨道图像

为素材添加"差值遮罩"效果后，"效果控件"面板中的效果参数如图11-73所示。

图 11-72　差值遮罩合成图像

图 11-73　差值遮罩参数

具体参数说明如下。

○ 视图：用于指定节目监视器显示"最终输出""仅限源"还是"仅限遮罩"。

○ 差值图层：用于指定要用作遮罩的轨道。

- 如果图层大小不同：用于指定将前景图像居中还是对其进行拉伸。
- 匹配容差：用于指定遮罩必须在多大程度上匹配前景色才能被抠像。
- 匹配柔和度：用于指定遮罩边缘的柔和程度。
- 差值前模糊：用来模糊差异像素，清除合成图像中的杂点。

❖ 注意：

"差值遮罩"效果通常用于抠出移动物体后面的静态背景，然后放在不同的背景上。差值素材通常仅指背景素材的帧(在移动物体进入场景之前)。因此，"差值遮罩"效果最适合使用固定摄像机和静止背景拍摄的场景。

2. 图像遮罩键

该效果根据静止图像素材(充当遮罩)的明亮度值抠出素材图像的区域。图像素材透明区域显示下方视频轨道中的素材产生的图像。用户可以指定项目中的任何静止图像素材来充当遮罩图像。图像遮罩键可根据遮罩图像的 Alpha 通道或亮度值来确定透明区域。以图11-74至图11-76所示的素材为例，得到的图像遮罩合成效果如图11-77所示。

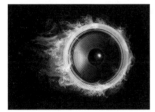
图 11-74 叠加素材一

图 11-75 叠加素材二

图 11-76 遮罩素材

为素材添加"图像遮罩键"效果后，其效果参数如图11-78所示。

图 11-77 图像遮罩合成效果

图 11-78 图像遮罩键参数

❖ 提示：

在"合成使用"下拉列表中可以选择"Alpha遮罩"和"亮度遮罩"两种合成方式，单击"设置"按钮 ，可以在打开的"选择遮罩图像"对话框中选择作为遮罩的图像。

3. 移除遮罩

"移除遮罩"效果可以从某种颜色的素材中移除颜色底纹。将Alpha 通道与独立文件中的填充纹理相结合时，此效果很有用。

4. 非红色键

"非红色键"效果基于绿色或蓝色背景创建不透明度,可以控制两个素材间的混合效果。

11.4　本章小结

本章介绍了Premiere Pro 2024视频画面叠加的相关知识和应用方法,读者需要掌握设置视频画面不透明度的方法,以及通过"键控"视频效果进行视频画面叠加的方法,并熟悉各种"键控"视频效果的作用。

11.5　思考与练习

1. 在Premiere中可以通过_____或_____面板设置素材的不透明度。

2. 在"效果控件"面板中展开_____选项组,可以设置所选素材的不透明度。

3. 将素材添加到"时间轴"面板的视频轨道中,可以在素材上看到一条横线,这条横线用于控制素材的_____。

4. 对素材运用"Alpha调整"效果,可以按前面画面的_____来决定叠加的效果。

5. _____效果在对明暗对比十分强烈的图像进行画面叠加时非常有用。

6. _____效果用于抠出所有类似于指定的主要颜色的图像像素。

7. 如何创建视频画面的渐隐渐现效果?

8. "轨道遮罩键"效果的作用是什么?

9. 创建一个项目和序列,在"项目"面板中导入雪狼和海鸟素材,并分别添加到"时间轴"面板的视频1和视频2轨道中。然后将"视频效果"|"键控"|"颜色键"效果添加到视频2轨道中的海鸟素材上,在"效果控件"面板中设置抠除的颜色和颜色容差值,在雪狼身旁叠加合成海鸟效果,如图11-79、图11-80和图11-81所示。

图 11-79　雪狼素材

图 11-80　海鸟素材

图 11-81　叠加合成效果

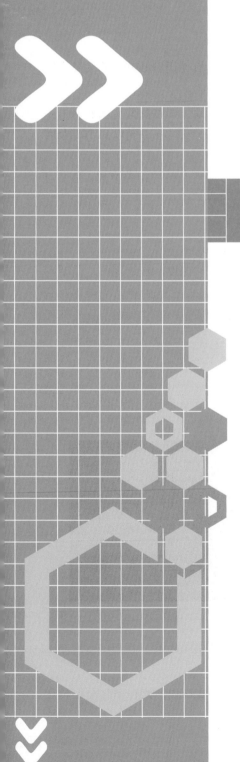

第12章

编辑音频

在影视作品中，音频的编辑是不可缺少的一部分。适当的背景音乐可以给人们带来喜悦或神秘的感觉。本章将介绍音频编辑的相关知识，包括音频的基础知识、音频素材的编辑方法、添加音频特效，以及音轨混合器的应用等。

12.1 音频的基础知识

在Premiere中进行音频编辑之前，需要对声音及描述声音的术语有所了解，这有助于了解正在使用的声音类型是什么，以及声音的品质如何。

12.1.1 音频采样

在数字声音中，数字波形的频率由采样率决定。许多摄像机使用32 000Hz的采样率录制声音，每秒录制32 000个样本。采样率越高，声音可以再现的频率范围也就越广。要再现特定频率，通常应该使用双倍于频率的采样率对声音进行采样。因此，要再现人们可以听到的20 000Hz的最高频率，所需的采样率至少是每秒40 000个样本(CD是以44 100Hz的采样率进行录音的)。

将音频素材导入"项目"面板后，会显示声音的采样率和声音位等相关参数，图12-1所示的音频是44 100Hz采样率和16位声音位。

12.1.2 声音位

在数字化声音时，由数千个数字来表示振幅或波形的高度和深度。在这期间，需要对声音进行采样，以数字方式重新创建一系列的1和0。如果使用Premiere的音轨混合器对旁白进行录音，那么先由麦克风处理来自人们的声音声波，然后通过声卡将其数字化。在播放旁白时，声卡会将这些1和0转换回模拟声波。

高品质的数字录音使用的位也更多。CD品质的立体声最少使用16位(较早的多媒体软件有时使用8位的声音速率，这会提供音质较差的声音，但生成的数字声音文件更小，如图12-2所示)。因此，可以将CD品质声音的样本数字化为一系列16位的1和0(例如，1011011011101010)。

图 12-1　声音的相关参数

图 12-2　8 位的声音

12.1.3 比特率

比特率(码率)是指每秒传送的比特数，单位为 b/s(bit per second)。比特率越高，传送数据的速度就越快。声音中的比特率是指将模拟声音信号转换成数字声音信号后，单位时间内的二进制数据量，是间接衡量音频质量的一个指标。

声音中的比特率原理与视频中的相同，都是指由模拟信号转换为数字信号后，单位时间内的二进制数据量。声音的比特率类似于图像分辨率，高比特率生成更流畅的声波，就像高图像分辨率能生成更平滑的图像一样。

12.1.4 声音文件的大小

声音的位深越大，采样率就越高，而声音文件也会越大。因为声音文件(如音频)可能会非常大，因此估算声音文件的大小很重要。可以通过位深乘以采样率来估算声音文件的大小。因此，采样率为44 100Hz的16位单声道音轨1秒钟可以生成705 600位(16-bit×44 100，即每秒88 200字节)，折合为每分钟5MB多，而立体声素材的大小是单声道的两倍。

12.2 Premiere音频处理基础

在Premiere中不仅可以设置音频参数，还可以设置音频声道格式。当需要使用多个音频素材时，还可以添加音频轨道。

12.2.1 音频参数的设置

选择"编辑"|"首选项"|"音频"命令，在打开的"首选项"对话框中，可以对音频素材属性的使用进行一些初始设置，如图12-3所示。在"首选项"对话框左侧的列表中选择"音频硬件"选项，可以对默认输入和输出的音频硬件进行选择，如图12-4所示。

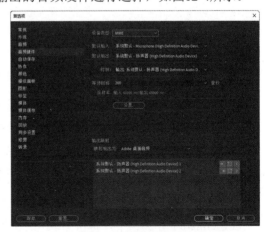

图 12-3 音频参数的设置　　　　　　图 12-4 音频硬件的设置

12.2.2 Premiere的音频声道

Premiere中包含3种音频声道：单声道、立体声和5.1声道。各种声道的特点如下。

○ 单声道：只包含一个声道，是比较原始的声音复制形式。当通过两个扬声器回放单声道声音信号时，可以明显感觉到声音是从两个音箱中间传递到听者耳朵里的。

○ 立体声：包含左右两个声道，立体声技术彻底改变了单声道缺乏对声音位置的定位这一状况。声音在录制过程中被分配到两个独立的声道，从而达到了很好的声音定位效果。这种技术在音乐欣赏中显得尤为重要，听者可以清晰地分辨出各种乐器来自何方。

○ 5.1声道：5.1声音系统来源于4.1环绕，不同之处在于它增加了一个中置单元。这个中置单元负责传送低于80Hz的声音信号。这在欣赏影片时有利于加强人声，把对话集中在整个声场的中部，以增加整体效果。

如果要更改素材的音频声道，可以先选中该素材，然后选择"剪辑"|"修改"|"音频声道"命令，在打开的"修改剪辑"对话框中单击"剪辑声道格式"下拉列表按钮，在下拉列表中选择一种声道格式，如图12-5所示，即可将音频素材修改为对应的声道，如图12-6所示。

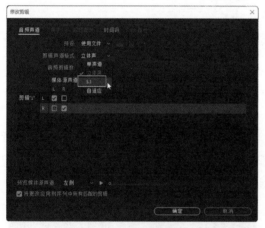

图 12-5　选择音频声道

图 12-6　修改音频声道

12.2.3　Premiere的音频轨道

默认情况下，"时间轴"面板的序列中包括三条标准音频轨道和一条主音轨。序列中始终包含一条主音轨，用于控制序列中所有轨道的合成输出。

Premiere Pro 2024的序列中可以包含以下音轨。

1. 标准音轨

在Premiere Pro 2024中，标准音轨可以同时容纳单声道和立体声音频剪辑。

2. 单声道音轨

单声道音轨包含一条音频声道。如果将立体声音频素材添加到单声道轨道中，立体声音频素材通道将由单声道轨道汇总为单声道。

3. 5.1声道音轨

5.1声道音轨包含三条前置音频声道(左声道、中置声道、右声道)、两条后置或环绕音频声道(左声道和右声道)和一条超重低音音频声道。5.1 声道音轨中只能包含5.1音频素材。

4. 自适应音轨

自适应轨道只能包含单声道、立体声和自适应素材。对于自适应音轨，可通过对工作流程效果最佳的方式将源音频映射至输出音频声道。处理可录制多个音轨的摄像机录制的音频时，这种音轨类型非常有用。处理合并后的素材或多机位序列时，也可使用这种音轨。

12.2.4 添加和删除音频轨道

选择"序列"|"添加轨道"命令，在打开的"添加轨道"对话框中可以设置添加音频轨道的数量。打开"轨道类型"下拉列表框，在其中可以选择添加的音频轨道类型，如图12-7所示。

选择"序列"|"删除轨道"命令，在打开的"删除轨道"对话框中可以删除音频轨道。打开"所有空轨道"下拉列表框，在其中可以选择要删除的音频轨道，如图12-8所示。

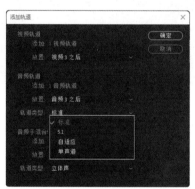
图 12-7 添加音频轨道

图 12-8 删除音频轨道

12.2.5 在影片中添加音频

将视频素材编辑好以后，通过将音频素材添加到"时间轴"面板的音频轨道上，即可将音频效果添加到影片中。

【练习12-1】为影像视频添加背景音乐。

01 新建一个项目，将视频素材"01.mp4"和音频素材"01.mp3"导入"项目"面板中，如图12-9所示。

02 选择视频素材并右击，在弹出的快捷菜单中选择"速度/持续时间"命令，如图12-10所示。

图12-9　导入视频和音频素材

图12-10　选择"速度/持续时间"命令

03 在打开的"剪辑速度/持续时间"对话框中设置视频素材的持续时间为5秒，如图12-11所示。

04 新建一个序列，然后将"项目"面板中的视频素材"01.mp4"添加到"时间轴"面板的视频1轨道中，如图12-12所示。

图12-11　设置持续时间

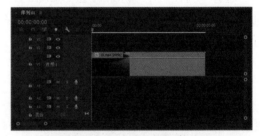

图12-12　添加视频素材

05 将音频素材"01.mp3"拖到"时间轴"面板的音频1轨道中，如图12-13所示。

06 在"时间轴"面板中拖动音频素材"01.mp3"的出点，使其出点与视频轨道中视频素材的出点对齐，如图12-14所示。

图12-13　添加音频素材

图12-14　调整音频素材的出点

07 选择"窗口"|"音频仪表"命令，打开"音频仪表"面板，如图12-15所示。

08 单击"节目监视器"面板下方的"播放-停止切换"按钮▶，可以预览视频效果，并试听添加的音频效果，在"音频仪表"面板中会显示声音的波段，如图12-16所示。

图 12-15 "音频仪表"面板

图 12-16 显示声音的波段

12.3 编辑和设置音频

在Premiere的"时间轴"面板中可以进行一些简单的音频编辑。例如，可以解除音频与视频的链接，以便单独修改音频对象；也可以在"时间轴"面板中缩放音频素材波形，还可以使用剃刀工具分割音频。

12.3.1 在"时间轴"面板中查看音频

为了使"时间轴"面板更好地适用于音频编辑，可以进行轨道的折叠/展开、显示音频时间单位、缩放显示音频素材等设置。

1. 折叠/展开轨道

同视频轨道一样，可以通过拖动音频轨道的下边缘，或在音频轨道左侧空白处双击，从而展开或折叠该轨道。展开音频轨道后，会显示轨道中素材的声道和声音波形，如图12-17所示。

2. 缩放显示音频素材

在"时间轴"面板中，音频显示过长或过短，都不利于对其进行编辑。可以通过单击并拖动时间轴缩放滑块来缩放显示音频素材，如图12-18所示。

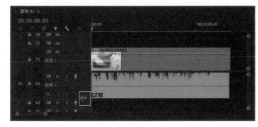

图 12-17 展开音频轨道

图 12-18 拖动时间轴缩放滑块

3. 显示音频时间单位

默认情况下，"时间轴"面板中的时间单位以视频帧为单位，用户可以通过设置将其修改为音频时间单位。

单击"时间轴"面板右上方的菜单按钮 ，在弹出的菜单中选择"显示音频时间单位"命令，如图12-19所示，可以将单位更改为音频时间单位，"时间轴"面板中的音频单位为音频样本或毫秒，如图12-20所示。

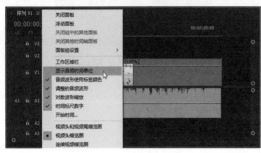

图12-19　选择"显示音频时间单位"命令　　　图12-20　显示音频时间单位

12.3.2　设置音频单位格式

在监视器面板中进行编辑时，标准测量单位是视频帧。对于可以逐帧精确设置入点和出点的视频编辑而言，这种测量单位已经很完美。但是，对于音频则需要更为精确。例如，如果想编辑一段长度小于一帧的声音，Premiere就可以使用与帧对应的音频"单位"来显示音频时间。用户可以用毫秒或可能是最小的增量(音频采样)来查看音频单位。

选择"文件"|"项目设置"|"常规"命令，打开"项目设置"对话框，在音频"显示格式"下拉列表中可以设置音频单位的格式为"毫秒"或"音频采样"，如图12-21所示。

12.3.3　设置音频速度和持续时间

在Premiere中，不仅可以修剪音频素材的长度，还可以通过修改音频素材的速度或持续时间，来增加或减小音频素材的长度。

在"时间轴"面板中选中要调整的音频素材，然后选择"剪辑"|"速度/持续时间"命令，打开"剪辑速度/持续时间"对话框，在"持续时间"选项中可以对音频的长度进行调整，如图12-22所示。

❖ 注意：

当改变"剪辑速度/持续时间"对话框中的速度值时，音频的播放速度会发生改变，从而可以使音频的持续时间发生改变，但改变后的音频素材其节奏也改变了。

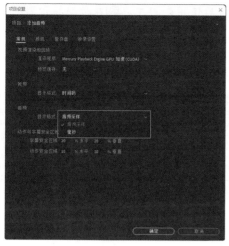

图 12-21 设置音频单位格式

图 12-22 调整持续时间

12.3.4 修剪音频素材的长度

修改音频素材的持续时间会改变音频素材的播放速度，当音频素材过长时，为了不影响音频素材的播放速度，还可以在"时间轴"面板中向左拖动音频的边缘，如图12-23所示，以减小音频素材的长度，如图12-24所示。或者使用剃刀工具████对音频素材进行切割，将多余的音频部分删除，从而改变音频轨道上音频素材的长度。

图 12-23 拖动音频的边缘

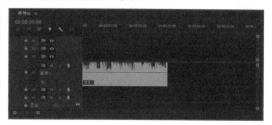

图 12-24 修改音频素材的长度

【练习12-2】修改背景音乐的长度。

01 创建一个项目和序列，然后将视频素材和音频素材导入"项目"面板中，如图12-25所示。

02 将视频素材和音频素材分别添加到"时间轴"面板的视频1和音频1轨道中，如图12-26所示。

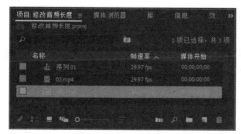

图 12-25 导入素材

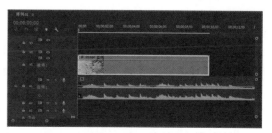

图 12-26 添加素材

03 将时间指示器移到视频素材的出点处，然后使用剃刀工具█在时间指示器的位置单击音频素材，对其进行切割，如图12-27所示。

04 使用选择工具█选中被切割的后面部分的音频素材，然后按Delete键将其删除，完成对音频素材的修剪操作，效果如图12-28所示。

图 12-27　切割音频素材

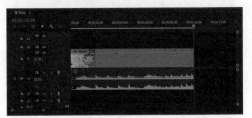
图 12-28　删除多余素材

❖ **注意：**

由于默认情况下开启了"对齐"功能，因此将时间指示器移到需要的位置后，可以在切割素材时，自动对齐到时间指示器的位置；但如果切割位置离时间指示器太远，"对齐"功能则无效。

12.3.5　音频和视频链接

默认情况下，音视频素材的视频和音频为链接状态，将音视频素材放入"时间轴"面板中，会同时选中视频和音频对象。在移动、删除其中一个对象时，另一个对象也将发生相应的操作。在编辑音频素材之前，用户可以根据实际需要，解除视频和音频的链接。

1. 解除音频和视频的链接

将音视频素材添加到"时间轴"面板中并将其选中，然后选择"剪辑"|"取消链接"命令，或者在"时间轴"面板中右击音频或视频，然后选择"取消链接"命令，即可解除音频和视频的链接。解除链接后，即可单独选择音频或视频来对其进行编辑。

2. 重新链接音频和视频

在"时间轴"面板中选中要链接的视频和音频素材，然后选择"剪辑"|"链接"命令，或者在"时间轴"面板中右击音频或视频素材，然后从快捷菜单中选择"链接"命令，即可链接音频和视频素材。

❖ **注意：**

在"时间轴"面板中先选择一个视频或音频素材，然后按住Shift键，单击其他素材，即可同时选择多个素材，也可以通过框选的方式同时选择多个素材。

3. 暂时解除音频与视频的链接

Premiere 提供了一种暂时解除音频与视频链接的方法。用户可以先按住Alt键，然后单击素材的音频或视频部分将其选中，再松开Alt键，通过这种方式可以暂时解除音频与视频的链接，如图12-29所示。暂时解除音频与视频的链接后，可以直接拖动选中的音频或视频，在释放鼠标之前，素材的音频和视频仍然处于链接状态，但是音频和视频不再处于同步状态，如图12-30所示。

图 12-29 按住 Alt 键选中音频或视频素材

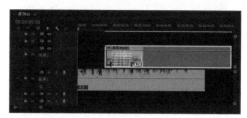

图 12-30 临时解除音频与视频素材的链接

❖ 注意：

如果在按住Alt键的同时直接拖动素材的音频或视频，则可以对选中的部分进行复制。

4. 设置音频与视频同步

如果暂时解除了音频与视频的链接，素材的音频和视频将处于不同步状态，这时用户可以通过解除音频与视频链接的操作，重新调整音频与视频素材，使其处于同步状态。或是先解除音频与视频的链接，然后在"时间轴"面板中选中要同步的音频和视频，再选择"剪辑"|"同步"命令，打开"同步剪辑"对话框。在该对话框中可以设置素材同步的方式，如图12-31所示。

12.3.6 调整音频增益

音频增益指的是音频信号的声调高低。当一个视频片段同时拥有几个音频素材时，就需要平衡这几个素材的增益。如果一个素材的音频信号或高或低，则会严重影响播放时的音频效果。

【练习12-3】调整音频素材的音频增益。

01 在"时间轴"面板中选中需要调整的音频素材。然后选择"剪辑"|"音频选项"|"音频增益"命令，打开"音频增益"对话框，如图12-32所示。

02 单击"调整增益值"选项的数值，然后输入新的数值，修改音频的增益值，如图12-33所示。

图 12-31 "同步剪辑"对话框

图 12-32 "音频增益"对话框

图 12-33 修改增益值

03 完成设置后，播放修改后的音频素材，可以试听音频效果，也可以打开"源监视器"面板，查看处理前后的音频波形变化，如图12-34和图12-35所示。

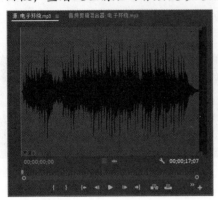 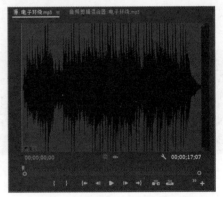

图 12-34 修改前的音频波形图　　　　　　图 12-35 修改后的音频波形图

12.4 应用音频特效

在Premiere影视编辑中，可以对音频对象添加特殊效果，如淡入淡出效果、摇摆效果和系统自带的音频效果，从而使音频的内容更加和谐、美妙。

12.4.1 制作淡入淡出的音效

许多影视片段在开始和结束处会使用声音的淡入淡出变化，从而使场景内容的展示显得自然、和谐。在Premiere中可以通过编辑关键帧，为加入"时间轴"面板中的音频素材制作淡入淡出的效果。

【练习12-4】制作淡入淡出的音效。

01 新建一个项目和序列，然后将视频和音频素材导入"项目"面板中，如图12-36所示。

02 将视频和音频素材分别添加到"时间轴"面板的视频1和音频1轨道中，如图12-37所示。

 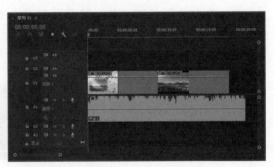

图 12-36 导入素材　　　　　　　　　图 12-37 添加素材

03 在"时间轴"面板中向左拖动音频素材的出点，使其与视频素材的出点对齐，如图12-38所示。

04 选择音频1轨道中的音频素材，然后将时间指示器移到第0秒的位置，再单击音频1轨道上的"添加-移除关键帧"按钮■，在此添加一个关键帧，如图12-39所示。

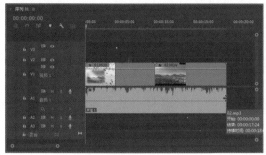

图12-38　拖动音频素材出点　　　　　　　　　　图12-39　添加关键帧

05 将时间指示器移到第2秒的位置，继续在音频1轨道中为音频素材添加一个关键帧，如图12-40所示。

06 将第0秒位置的关键帧向下拖到最下端，使该帧声音大小为0，制作声音的淡入效果，如图12-41所示。

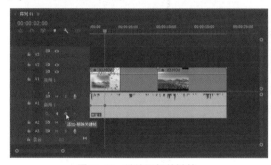
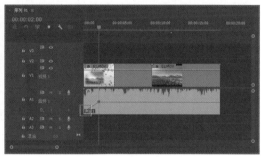

图12-40　继续添加关键帧　　　　　　　　　　图12-41　制作声音的淡入效果

07 在第16秒和第18秒的位置，分别为音频1轨道中的音频素材添加一个关键帧，如图12-42所示。

08 将第18秒的关键帧向下拖到最下端，使该帧声音大小为0，制作声音的淡出效果，如图12-43所示。

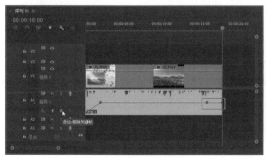
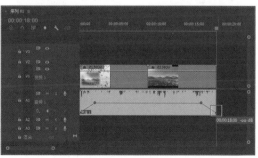

图12-42　继续添加关键帧　　　　　　　　　　图12-43　制作声音的淡出效果

09 单击"节目监视器"面板下方的"播放-停止切换"按钮▶，可以试听音频的淡入淡出效果。

❖ **注意：**

用户也可以在"效果控件"面板中通过设置和修改音频素材的音量级别关键帧，制作声音的淡入淡出效果。

12.4.2 制作声音的摇摆效果

在"时间轴"面板中进行音频素材的编辑时，在音频素材上的菜单中选择"声像器"|"平衡"命令，可以通过添加控制点来设置音频素材声音的摇摆效果，即把立体声道的声音改造为在左右声道间来回切换播放的效果。

【练习12-5】制作摇摆旋律。

01 创建一个项目和序列，将音频素材导入"项目"面板中，如图12-44所示。

02 将音频素材添加到"时间轴"面板的音频1轨道中，如图12-45所示。

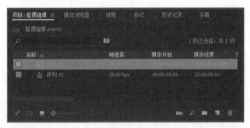

图12-44 导入素材

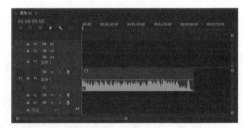

图12-45 添加素材

03 在音频1轨道中右击音频素材上的 图标，在弹出的快捷菜单中选择"声像器"|"平衡"命令，如图12-46所示。

04 展开音频1轨道，当时间指示器处于第0秒的位置时，单击音频1轨道中的"添加-移除关键帧"按钮 ，在音频1轨道中添加一个关键帧，如图12-47所示。

图12-46 选择"声像器"|"平衡"命令

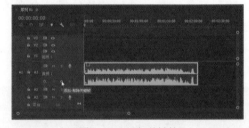

图12-47 添加关键帧

05 将时间指示器移到第15秒的位置，单击音频1轨道中的"添加-移除关键帧"按钮 ，如图12-48所示，然后将添加的关键帧向下拖到最下端，如图12-49所示。

06 将时间指示器移到第30秒的位置，单击音频1轨道中的"添加-移除关键帧"按钮 ，然后将添加的关键帧向上拖到最上端，如图12-50所示。

07 在每隔15秒的位置，分别为音频素材添加一个关键帧，并调整各个关键帧的位置，如图12-51所示。

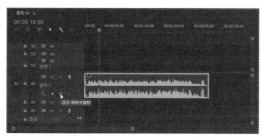

图12-48　继续添加关键帧

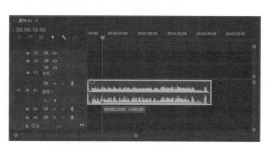

图12-49　调整关键帧

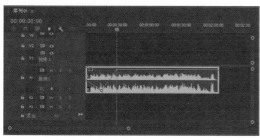

图12-50　添加并调整关键帧

图12-51　继续添加并调整关键帧

08 单击"节目监视器"面板下方的"播放-停止切换"按钮 ▶，可以试听音乐的摇摆效果。

12.4.3　应用音频效果

Premiere的"效果"面板中集成了音频效果和音频过渡。"音频效果"素材箱中存放着数十种声音特效，如图12-52所示。将这些特效直接拖放到"时间轴"面板中的音频素材上，即可对该音频素材应用相应的特效。

音频过渡中提供了3个交叉淡化过渡，如图12-53所示。在使用音频过渡效果时，只需要将其拖曳到音频素材的入点或出点位置，然后在"效果控件"面板中进行设置即可。

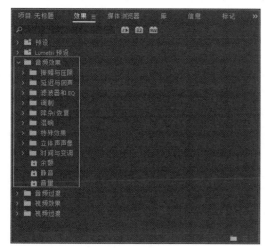

图12-52　音频效果

图12-53　音频过渡

"音频效果"素材箱中常用音频效果的作用如下。

- 多功能延迟：一种多重延迟效果，可以对素材中的原始音频添加多达四次回声。
- 多频段压缩器：它是一个可以分波段控制的三波段压缩器。当需要柔和的声音压缩器时，可以使用这种效果。
- 低音：允许增加或减少较低的频率(等于或低于200Hz)。
- 平衡：允许控制左右声道的相对音量，正值增大右声道的音量，负值增大左声道的音量。
- 声道音量：允许单独控制素材或轨道的立体声或5.1声道中每一个声道的音量。每一个声道的电平单位为分贝。
- 室内混响：通过模拟室内音频播放的声音，为音频素材添加气氛和温馨感。
- 消除嗡嗡声：一种滤波效果，可以删除超出指定范围或波段的频率。
- 反转：将所有声道的相位颠倒。
- 高通：删除低于指定频率界限的频率。
- 低通：删除高于指定频率界限的频率。
- 延迟：可以添加音频素材的回声。
- 参数均衡器：可以增大或减小与指定中心频率接近的频率。
- 互换声道：可以交换左右声道信息的布置，只能应用于立体声素材。
- 高音：允许增大或减小高频(4000Hz和更高)。Boost控制项指定调整的量，单位为分贝(dB)。
- 音量：如果需要在其他标准前渲染音量，使用音量效果代替固定音量效果。音量效果可以提高音频电平而不被修剪，只有当信号超过硬件允许的动态范围时才会出现修剪，这时往往会导致失真的音频。正值表示增加音量，而负值表示减小音量。

【练习12-6】为音频素材添加音频效果。

01 新建一个项目文件，然后在"项目"面板中导入图片和音频素材，如图12-54所示。

02 新建一个序列，将图片和音频素材分别添加到视频和音频轨道中，如图12-55所示，并调整音频素材和视频素材的出点。

图12-54　导入素材

图12-55　添加素材

03 在"效果"面板中选择"音频效果"|"混响"|"室内混响"效果，如图12-56所示，然后将其拖到"时间轴"面板中的音频素材"电子环绕.mp3"上，为音频素材添加室内混响效果。

04 选择"窗口"|"效果控件"命令，在打开的"效果控件"面板中可以设置室内混响音频效果的参数，如图12-57所示。

图 12-56　选择"室内混响"效果

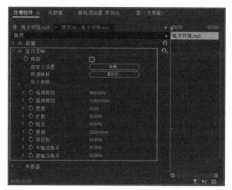

图 12-57　"效果控件"面板

05 单击"节目监视器"面板下方的"播放-停止切换"按钮 ▶，可以试听添加特效后的音乐效果。

12.5　应用音轨混合器

Premiere的音轨混合器是音频编辑中最强大的工具之一，在有效地运用该工具之前，应该熟悉其控件和功能。

12.5.1　认识"音轨混合器"面板

选择"窗口"|"音轨混合器"命令，可以打开"音轨混合器"面板，如图12-58所示。Premiere的"音轨混合器"面板可以对音轨素材的播放效果进行编辑和实时控制。"音轨混合器"面板为每一条音轨都提供了一套控制方法，每条音轨也根据"时间轴"面板中的相应音频轨道进行编号。使用该面板，可以设置每条轨道的音量大小、静音等。

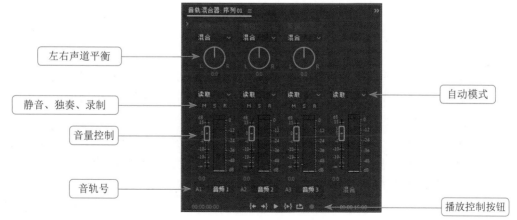

图 12-58　"音轨混合器"面板

- 左右声道平衡：将该旋钮向左转用于控制左声道，向右转用于控制右声道。也可以单击旋钮下面的数值栏，然后输入数值来控制左右声道，如图12-59所示。
- 静音、独奏、录制：M(静音轨道)按钮控制静音效果；S(独奏轨道)按钮可以使其他音轨上的片段成为静音效果，只播放该音轨片段；R(启用轨道以进行录制)按钮用于录音控制，如图12-60所示。

图12-59　左右声道平衡

图12-60　静音、独奏、录制

- 音量控制：将滑块向上下拖动，可以调节音量的大小，旁边的刻度用来显示音量值，单位是dB，如图12-61所示。
- 音轨号：对应着"时间轴"面板中的各个音频轨道，如图12-62所示。如果在"时间轴"面板中增加了一条音频轨道，则在音轨混合器窗口中也会显示出相应的音轨号。

图12-61　音量控制

图12-62　音轨号

- 自动模式：在该下拉列表中可以选择一种音频控制模式，如图12-63所示。
- 播放控制按钮：这些按钮包括转到入点、转到出点、播放-停止切换、从入点到出点播放视频、循环和录制按钮，如图12-64所示。

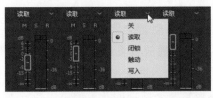

图12-63　自动模式

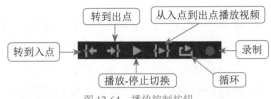

图12-64　播放控制按钮

12.5.2　声像调节和平衡控件

在输出到立体声轨道或5.1轨道时，"左/右平衡"旋钮用于控制单声道轨道的级别。因此，通过声像平衡调节，可以增强声音效果(比如随着鸟儿从视频监视器的右边进入视野，右声道中发出鸟儿的鸣叫声)。

平衡用于重新分配立体声轨道和5.1轨道中的输出。在一条声道中增加声音级别的同时，另一条声道的声音级别将减少，反之亦然。可以根据正在处理的轨道类型，使用"左/右平衡"旋钮来控制平衡和声像调节。在使用声像调节或平衡时，可以单击并拖动"左/右平衡"旋钮上的指示器，或拖动旋钮下方的数字读数，也可以单击数字读数并输入一个数值，如图12-65、图12-66和图12-67所示。

图 12-65　拖动指示器

图 12-66　拖动数字

图 12-67　输入数值

12.5.3　添加效果

在进行音频编辑的操作时，可以将效果添加到音轨混合器中。先在"音轨混合器"面板的左上角单击"显示/隐藏效果和发送"按钮 ，如图12-68所示，展开效果区域。然后将效果加载到音轨混合器的效果区域，再调整效果的个别控件，如图12-69所示。

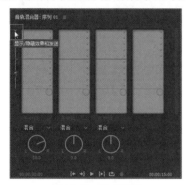

图 12-68　单击按钮

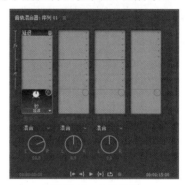

图 12-69　加载效果

❖ **注意:**

在"音轨混合器"面板中，一个效果控件显示为一个旋钮。用户可以同时对一条音频轨道添加1～5种效果。

【练习12-7】在音轨混合器中应用音频效果。

01 新建一个项目和序列，然后导入音频素材，并将其添加到"时间轴"面板的音频1轨道中，如图12-70所示。

02 展开音频1轨道，在音频1轨道中单击"显示关键帧"按钮 ，然后选择"轨道关键帧"|"音量"命令，如图12-71所示。

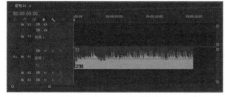

图 12-70　添加音频素材

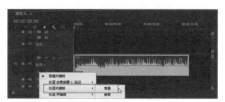

图 12-71　选择"音量"命令

03 选择"窗口"|"音轨混合器"命令，打开"音轨混合器"面板。然后在"音轨混合器"面板的左上角单击"显示/隐藏效果和发送"按钮▶，展开效果区域。

04 在要应用效果的轨道中，单击效果区域中的"效果选择"下拉按钮，打开一个音频效果列表，从效果列表中选择想要应用的效果，如图12-72所示。在"音轨混合器"面板的效果区域会显示该效果，如图12-73所示。

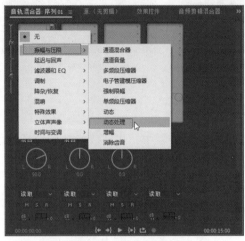

图 12-72 选择要应用的效果

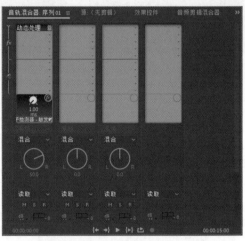

图 12-73 显示所应用的效果

05 如果要切换到效果的另一个控件，可以单击控件名称右侧的下拉按钮，并在弹出的下拉列表中选择另一个控件，如图12-74所示。

06 单击音频1中的"自动模式"下拉按钮，然后在弹出的下拉菜单中选择"触动"命令，如图12-75所示。

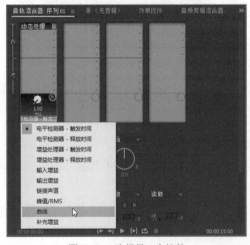

图 12-74 选择另一个控件

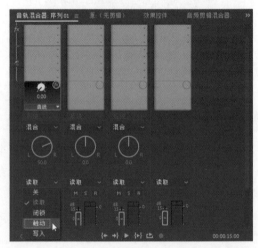

图 12-75 选择"触动"模式

07 单击"音轨混合器"面板中的"播放-停止切换"按钮▶，同时根据需要调整效果音量，如图12-76所示。调整后的轨道关键帧将发生相应的变化，效果如图12-77所示。

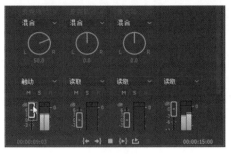

图 12-76　根据需要调整效果音量

图 12-77　调整后的轨道关键帧

12.5.4　关闭音频效果

在"音轨混合器"面板中单击效果控件旋钮右边的旁路开关按钮，在该图标上会出现一条斜线，此时可以关闭相应的音频效果，如图12-78所示。如果要重新开启该音频效果，只需再次单击旁路开关按钮即可。

12.5.5　移除音频效果

如果要移除"音轨混合器"面板中的音频效果，可以单击该效果名称右边的"效果选择"下拉按钮，然后在下拉列表中选择"无"选项，即可移除音频效果，如图12-79所示。

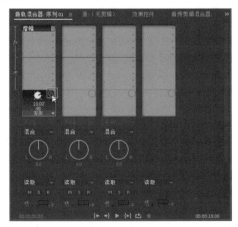

图 12-78　关闭音频效果

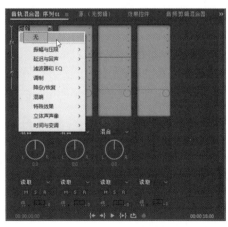

图 12-79　移除音频效果

12.6　本章小结

本章主要介绍了音频的基础知识和音频编辑的操作方法。通过本章的学习，读者应该重点掌握在"时间轴"面板中添加和编辑音频素材的方法、设置音频轨道关键帧及使用音轨混合器对音频素材进行编辑，并熟悉常用音频效果的作用及使用方法。

12.7　思考与练习

1. 声音的位深越大，它的采样率就越高，声音文件也会越_____。

2. 音频轨道中用来控制所有音频轨道的组合输出的是_____。

3. 音频增益指的是音频信号的_____。

4. 音频轨道的类型主要有_____。

5. 修改音频素材的速度后，该音频素材的_____也将被改变。

6. 音频采样是指什么？

7. 启动Premiere Pro 2024应用程序，创建一个项目文件和序列。在"项目"面板中导入视频素材和音频素材，并将素材添加到"时间轴"面板的轨道中进行编排，然后调整音频素材的持续时间，再对音频素材制作淡入淡出的效果，如图12-80所示。

图 12-80　创建音频效果

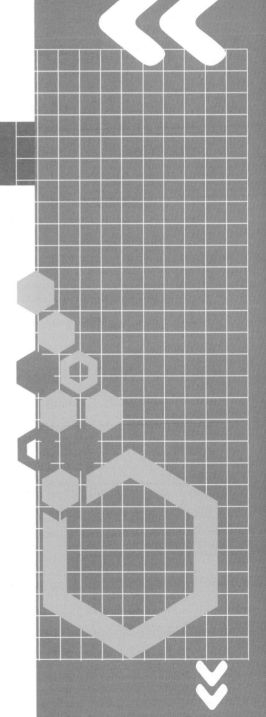

第 13 章

视频渲染与输出

在应用Premiere编辑视频的过程中，如果添加了视频过渡和视频效果等特效，要想看到实时的画面效果，就需要对工作区进行渲染。当完成项目的编辑后，需要将项目输出为影片，以便在其他计算机中对影片效果进行保存和观看。

本章将介绍项目渲染和输出的操作方法及相关知识，包括项目的渲染和生成、项目文件导出的格式、图片导出与设置、视频导出与设置、音频导出与设置等操作。

13.1 项目渲染

在Premiere中，渲染是在编辑过程中不生成文件而只浏览节目实际效果的一种播放方式。在编辑工作中应用渲染，可以检查素材之间的组接关系和观看应用特效后的效果。由于渲染可以采用较低的画面质量，因此速度比输出节目快，便于随时对节目进行修改，从而能够提高编辑效率。

13.1.1 Premiere的渲染方式

Premiere对项目文件支持两种渲染方式：实时渲染和生成渲染。

1. 实时渲染

实时渲染支持所有的视频效果、过渡效果、运动设置和字幕效果。使用实时渲染不需要进行任何生成工作，可节省时间。如果在项目中应用了较复杂的效果，可以降低画面品质或降低帧速率，以便在渲染过程中达到正常的渲染效果。

2. 生成渲染

生成渲染需要对序列中的所有内容和效果进行生成。生成的时间与序列中素材的复杂程度有关。使用生成渲染播放视频的质量较高，便于检查细节上的纰漏，通常只选择一部分内容进行生成渲染。

> ❖ **注意：**
>
> 当视频素材不能以正常帧速率播放时，"时间轴"面板的时间标尺处将出现红线提示；当能够以正常帧速率播放时，"时间轴"面板的时间标尺处将出现绿线提示。

13.1.2 渲染文件的暂存盘设置

实时渲染和生成渲染在渲染视频时都会生成渲染文件。为了提高渲染的速度，应选择转速快、空间大的本地硬盘来暂存渲染文件。

选择"文件"|"项目设置"|"暂存盘"命令，打开"项目设置"对话框。可以在"视频预览"和"音频预览"选项中设置渲染文件的暂存盘路径，如图13-1所示。

13.1.3 项目的渲染与生成

完成视频作品的后期编辑处理后，选择"序列"|"渲染入点到出点"命令，即可渲染

图 13-1　设置渲染文件的暂存盘

入点到出点的效果。此时将会出现正在渲染的进度，如图13-2所示。

渲染文件生成后，在"时间轴"面板中的工作区上方和时间标尺下方之间的红线会变成绿线，表明相应的视频素材片段已经生成了渲染文件，在节目监视器中将自动播放渲染后的效果。生成的渲染文件将暂存在所设置的暂存盘文件夹中，如图13-3所示。

图 13-2　渲染进度

图 13-3　暂存的渲染文件

❖ **注意:**

如果项目文件未被保存，在退出Premiere后，暂存的渲染文件将会被自动删除。

13.2　项目输出

项目输出工作就是对编辑好的项目进行导出，将其发布为最终作品。在完成Premiere项目的视频和音频编辑后，即可将其作为数字文件输出进行观赏。

13.2.1　项目输出类型

在Premiere中，可以将项目以多种类型的对象进行输出。选择"文件"|"导出"命令，可以在弹出的子菜单中选择导出文件的类型，如图13-4所示。

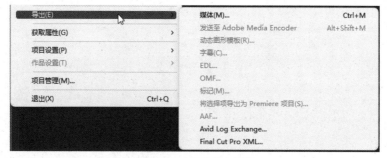

图 13-4　文件的导出类型

在Premiere Pro 2024中，项目输出类型主要有如下几种。

- 媒体：用于导出影片文件，是常用的导出方式。
- 字幕：用于导出字幕文件。
- EDL：将项目文件导出为EDL格式。EDL(Editorial Determination List，编辑决策

列表)是一种表格形式的列表，由时间码值形式的电影剪辑数据组成。EDL 是在编辑时由很多编辑系统自动生成的，并可保存到磁盘中。当在脱机/联机模式下工作时，EDL极为重要。脱机编辑下生成的EDL会被读入联机系统中，作为最终剪辑的基础。

- ○ OMF：将项目文件导出为OMF格式。
- ○ AAF：将项目文件导出为AAF格式。AAF(Advanced Authoring Format)意为"高级制作格式"，是一种用于多媒体创作及后期制作、面向企业界的开放式标准。AAF是自非线性编辑系统之后电视制作领域最重要的新进展之一，它解决了多用户、跨平台及多台计算机协同进行创作的问题，给后期制作带来了极大便利。
- ○ Final Cut Pro XML：将项目文件导出为XML格式。XML(Extensible Markup Language)意为"可扩展标记语言"，它与HTML一样，都是SGML(Standard Generalized Markup Language，标准通用标记语言)。XML是Internet环境中跨平台的、依赖于内容的技术，是当前处理结构化文档信息的有力工具。

13.2.2　影片的导出与设置

在Premiere Pro 2024中，影片导出的格式通常包括Windows Media、AVI、QuickTime和MEPG等，用户可以在计算机中直接双击这些格式的视频对象进行观看。

1. 影片导出的常用设置

选择"文件"|"导出"|"媒体"命令，或在窗口左上方单击"导出"标签，可以进入"导出"面板中进行导出设置，包括导出的文件名、位置、格式、视频设置、音频设置、导出的范围等，如图13-5所示。

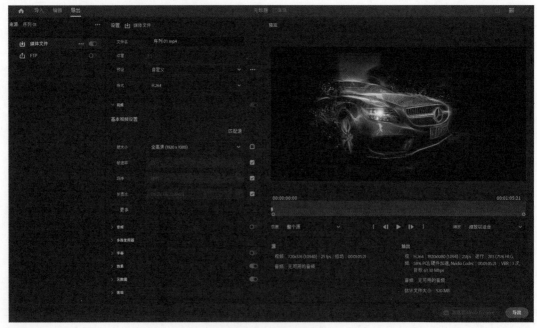

图 13-5　"导出"面板

（1）预览视频效果。在"导出"面板的"预览"窗口中可以预览导出文件的效果。

（2）设置导出文件名。在"导出"面板的"文件名"文本框中可以输入导出的文件名称，也可以在"另存为"对话框中设置导出文件的名称。

（3）设置导出位置。在"导出"面板中单击"位置"链接，如图13-6所示，可以打开"另存为"对话框，在该对话框中可以设置导出文件的位置、名称和保存类型，如图13-7所示。

图 13-6　单击"位置"链接

图 13-7　设置导出位置、名称和保存类型

（4）选择预设效果。在"导出"面板中单击"预设"下拉按钮，在弹出的下拉列表中选择一种预设的效果，可以快速完成导出的设置，如图13-8所示。

（5）设置导出格式。如果在"预设"列表中没有想要的效果，可以在"导出"面板中单击"格式"下拉按钮，在弹出的下拉列表中选择需要导出项目的格式，其中包括各种图片、视频格式和音频格式，如图13-9所示。

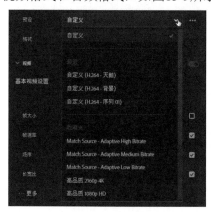

图 13-8　选择预设效果

图 13-9　选择导出的格式

（6）基本视频设置。在"导出"面板中展开"视频"选项组，可以对视频的基本属性进行设置，如视频的帧大小、帧速率、场序、长宽比等，如图13-10所示。

单击"视频"选项组中的"匹配源"按钮（默认情况下，基本视频设置为"匹配源"状态），将自动设定视频设置以匹配源视频的属性，某些属性值会受输出格式的约束。如果要修改视频的帧大小、帧速率、场序、长宽比等参数，可以取消对应选项后面的复选框，使其成为可编辑状态，即可对其进行修改，如图13-11所示。

图 13-10　基本视频设置

图 13-11　取消选项复选框

(7) 设置视频编解码器。当设置导出格式为AVI格式时，可以选择视频编解码器。在"视频"选项组中单击"视频编解码器"下拉按钮，在弹出的下拉列表中可以选择导出影片的视频编解码器，如图13-12所示。

(8) 设置导出内容。在"导出"面板下方单击"范围"下拉按钮，在弹出的下拉列表中可以选择要导出的内容是整个序列还是工作区域，或是其他内容，如图13-13所示。

图 13-12　选择视频编解码器

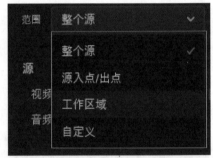

图 13-13　选择要导出的内容

❖ **注意：**

对影片设置不同的视频编解码器，得到的视频质量和视频大小也不相同。

(9) 保存和删除预设。如果对预设进行更改，可以将自定义预设保存到磁盘中，以便以后使用。在保存预设后，还可以导入或删除它们。

○ 保存预设：单击"预设"选项右方的 按钮，在弹出的菜单中选择"保存预设"命令(如图13-14所示)，在打开的"保存预设"对话框中输入预设名称并确定，即可将导出设置保存下来，如图13-15所示。

图 13-14　选择"保存预设"命令

图 13-15　输入名称并确定

- 导入预设：单击"预设"选项右方的■按钮，在弹出的菜单中选择"导入预设"命令，可以进行预设导入操作。
- 删除预设：要删除预设，首先要在"预设"下拉列表框中选中该预设，再单击"预设"选项右方的■按钮，在弹出的菜单中选择"删除预设"命令(如图13-16所示)，然后在打开的对话框中进行确定，如图13-17所示。

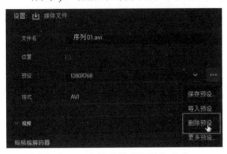

图13-16 选择"保存预设"命令

图13-17 单击"确定"按钮

2. 导出对象

编辑好项目后，可以通过以下两种方式将项目对象导出为影片文件。

(1) 在"导出"面板中进行导出。在"导出"面板中设置好影片的导出参数后，单击"导出"面板右下角的"导出"按钮，如图13-18所示，即可将影片以指定的效果导出。导出结束后，系统将在窗口右下方给出相应的提示，如图13-19所示。

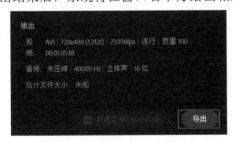

图13-18 单击"导出"按钮

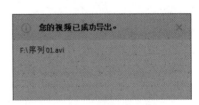

图13-19 导出成功提示

(2) 快速导出影片。在编辑窗口右上角单击"快速导出"按钮(如图13-20所示)，将打开"快速导出"面板，然后单击"导出"按钮，可以将项目以默认的参数快速导出，如图13-21所示。

图13-20 单击"快速导出"按钮

图13-21 "快速导出"面板

【练习13-1】导出影片文件。

[01] 打开"导出.prproj"文件,单击"时间轴"面板中的"序列01"将其选中,如图13-22所示。

[02] 选择"文件"|"导出"|"媒体"命令,切换到"导出"面板中。单击面板下方的"范围"下拉按钮,在下拉列表中选择要导出的内容为"整个源",如图13-23所示。

图13-22 选中要导出的序列

图13-23 导出整个源

[03] 在"设置"选项组中单击"格式"下拉按钮,在弹出的下拉列表中选择导出项目的影片格式为H.264,如图13-24所示。

[04] 展开"视频"选项组,可以修改视频的大小、帧速率、长宽比等设置,例如,取消"帧大小"选项后面的复选框,然后设置帧大小为"高清"选项,如图13-25所示。

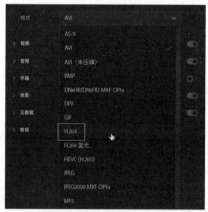

图13-24 选择导出的影片格式

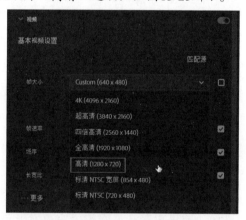

图13-25 更改视频设置

[05] 在"设置"选项组中单击"位置"选项的位置链接(如图13-26所示),然后在打开的"另存为"对话框中设置导出的路径和文件名,如图13-27所示。

图13-26 单击位置链接

图13-27 设置导出路径和文件名

06 根据需要设置导出的类型，如果不想导出音频，可以关闭"音频"选项右方的开关按钮，如图13-28所示。

07 单击面板右下角的"导出"按钮，即可将项目序列导出为指定的视频文件。然后使用播放软件即可播放导出的影片文件，如图13-29所示。

图13-28　关闭"音频"选项

图13-29　播放影片

❖ **提示:**

蓝光(blue-ray)是一种高清DVD磁盘格式，该格式提供了标准的4.7GB单层DVD 5倍以上的存储容量(双面蓝光可以存储50GB，这可以提供长达9小时的高清晰度内容或23小时的标准清晰度内容)。这种格式之所以被称为蓝光，是因为它使用蓝紫激光而不是传统的红色激光来读写数据。

13.2.3　图片的导出与设置

在Premiere 中，不仅可以将编辑好的项目文件导出为影片格式，还可以将其导出为序列图片或单帧图片。

1. 图片的导出格式

在Premiere Pro 2024中可以将编辑好的项目文件导出为图片格式，其中包括BMP、GIF、TAG、TIF、JPG和PNG格式。

○ BMP(Windows Bitmap)：这是一种由Microsoft公司开发的位图文件格式。几乎所有的常用图像软件都支持这种格式。该格式的图像支持1位、4位、8位、16位、24位和32位颜色，对图像大小无限制，并支持RLE压缩，缺点是占用空间大。

○ GIF：流行于Internet上的图像格式，是一种较为特殊的格式。

○ TAG(Targa)：这是一种由True Vision公司开发的位图文件格式，是国际上的图形图像工业标准，是一种常用于数字化图像等高质量图像的格式。一般文件为24位和32位，是使图像由计算机向电视转换的首选格式。

○ TIF(TIFF)：这是一种由Aldus公司开发的位图文件格式，支持大部分操作系统，支持24位颜色，对图像大小无限制，支持RLE、LZW、CCITT和JPEG压缩。

○ JPG(JPEG)：JPG图片以24位颜色存储单个光栅图像。JPG 是与平台无关的格式，支持最高级别的压缩，不过这种压缩是有损耗的。

○ PNG：这是一种于20世纪90年代中期开始开发的图像文件存储格式，其目的是试图替代GIF和TIF文件格式，同时增加一些GIF文件格式所不具备的特性。

2. 导出序列图片

编辑好项目文件后，可以将项目文件中的序列导出为序列图片，即以序列图片的形式显示序列中每一帧的图片效果。

【练习13-2】导出序列图片。

01 打开"导出.prproj"项目文件，在"时间轴"面板中选择要导出的序列。

02 选择"文件"|"导出"|"媒体"命令，切换到"导出"面板中。然后单击"格式"下拉按钮，在弹出的下拉列表中选择导出的图片格式为JPEG，如图13-30所示。

03 在"视频"选项组中确保选中"导出为序列"复选框，如图13-31所示。

图13-30　选择导出的图片格式

图13-31　选中"导出为序列"复选框

04 在"设置"选项组中单击"位置"选项的位置链接，在打开的"另存为"对话框中设置导出的路径和文件名，如图13-32所示。

05 单击"导出"按钮导出项目序列，会导出静止图像的序列，视频的每个帧导出一个序列，本例导出的序列图像如图13-33所示。

❖ 注意：

要设置导出图片的宽度、高度、帧速率和长宽比，首先要取消选中各选项后面的复选框。

图13-32　设置路径和文件名

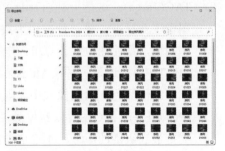

图13-33　序列图片

3. 导出单帧图片

完成项目文件的创建时，有时需要将项目中的某一帧画面导出为静态图片文件，例如，对影片项目中制作的视频特效画面进行取样操作等。

【练习13-3】导出单帧图片。

 打开"导出.prproj"项目文件，然后在"时间轴"面板中将时间指示器拖到需要导出帧的位置，如图13-34所示。

 在"节目监视器"面板中可以预览当前帧的画面，确定需要导出内容的画面，如图13-35所示。

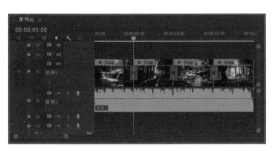
图13-34 定位时间指示器

图13-35 预览画面

 选择"文件"|"导出"|"媒体"命令，切换到"导出"面板中。单击"格式"下拉按钮，在弹出的下拉列表中选择导出的图片格式为TIFF，如图13-36所示。

 在"视频"选项组中取消"导出为序列"复选框，并设置帧大小(即图片大小)，如图13-37所示。

图13-36 选择图片格式

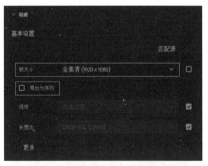
图13-37 进行基本设置

❖ 注意：

要将项目序列中的某帧图像导出为单帧图片，一定要在"视频"选项组中取消选中"导出为序列"复选框。

 在"设置"选项组中单击"位置"选项的位置链接，在打开的"另存为"对话框中设置导出的路径和文件名，如图13-38所示。

06 单击"导出"按钮即可导出单帧图片，在保存的位置可以查看导出的单帧图片效果，如图13-39所示。

图13-38 设置导出路径和文件名

图13-39 预览单帧图片效果

13.2.4 音频的导出与设置

在Premiere中，除了可以将编辑好的项目导出为图片文件和影音文件，还可以将项目文件导出为纯音频文件。Premiere Pro 2024可以导出的音频文件包括WAV、MP3、ACC等格式。下面通过具体的练习讲解音频文件的导出及设置。

【练习13-4】导出音频文件。

01 打开"导出.prproj"项目文件，选择"文件"|"导出"|"媒体"命令，切换到"导出"面板中，在"格式"下拉列表框中选择一种音频格式(如"波形音频")，如图13-40所示。

02 展开"音频"选项组，在"音频编解码器"下拉列表框中选择一种编解码器，如图13-41所示。

图13-40 选择音频格式

图13-41 设置音频编解码器

03 在"采样率"下拉列表框中选择需要的音频采样率，如图13-42所示。

04 在"声道"下拉列表框中选择一种声道模式，如图13-43所示。

图 13-42 设置音频采样率

图 13-43 选择声道模式

基本音频设置中的"采样率"和"样本大小"说明如下。

○ 采样率：降低采样率可以减少文件大小，并加速最终产品的渲染。采样率越高，质量越好，但处理时间也越长。例如，CD品质的采样率是44 100Hz。

○ 样本大小：立体32位是最高设置，8位单声道是最低设置。样本大小的位深度越低，生成的文件就越小，渲染时间也会减少。

05 在"设置"选项组中单击"位置"选项的位置链接，在打开的"另存为"对话框中设置导出的路径和文件名，如图13-44所示。

06 单击"导出"按钮，即可将项目文件导出为音频文件。在相应的位置可以找到所导出的音频文件，并且可以双击该文件进行播放，如图13-45所示。

图 13-44 设置文件的路径和名称

图 13-45 播放音频文件

13.3 本章小结

本章介绍了项目渲染和项目输出的相关操作与知识，包括项目的渲染与生成、项目导出的格式、图片的导出与设置、影片的导出与设置、音频的导出与设置等。通过本章的学习，读者应能了解编解码格式，掌握项目渲染的方法，以及各种视频和音频的导出方法。

13.4 思考与练习

1. 在Premiere中，可以将项目文件作为视频导出的格式通常包括_____。

2. 在导出项目文件之前，首先需要在"时间轴"面板中选中_____，然后在"导出"面板中进行基本的设置。

3. 在Premiere中，不仅可以将编辑好的项目文件导出为影片格式，还可以将其导出为序列图片或_____。

4. Premiere Pro 2024可以导出的音频文件包括_____等格式。

5. 降低音频的_____设置可以减少文件的大小，并加速最终产品的渲染。

6. Premiere支持哪几种渲染方式，各种渲染方式有什么特点？

7. 启动Premiere Pro 2024应用程序，打开"电子相册.prproj"项目文件，选中要导出的序列，将项目文件导出为带有视频和音频的影音文件。在"导出"面板中，设置导出的格式为H.264，并选中"导出视频"和"导出音频"复选框，再进行基本视频设置，如图13-46所示，然后导出项目文件。

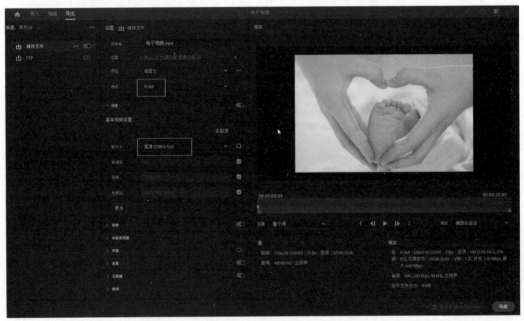

图13-46　导出参数设置

第14章

综合案例

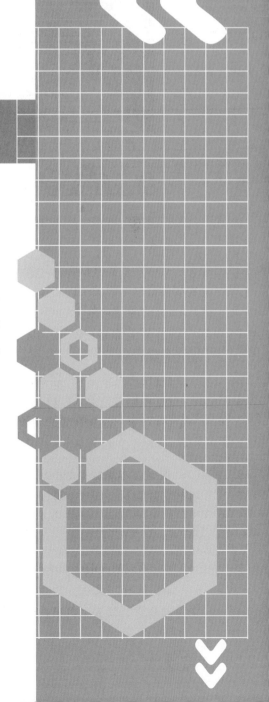

对于初学者而言，应用Premiere进行实际的案例制作还比较陌生。本章将通过制作企业宣传片头和公益广告片头案例来讲解本书所学知识的具体应用，帮助初学者掌握Premiere在实际工作中的应用，并达到举一反三的效果，为今后的影视后期制作工作奠定良好的基础。

14.1 企业宣传片头

本例将以企业宣传片头为例，介绍Premiere在影视后期制作中的具体应用，引导读者掌握使用Premiere进行影视编辑的具体操作流程和技巧。

1. 案例效果

请打开本例完成的项目文件"企业宣传片头.prproj"，预览本例的最终效果，如图14-1所示。

图 14-1　企业宣传片头效果

2. 案例分析

在制作该影片前，首先要构思该宣传片所要展现的内容和希望达到的效果，然后收集需要的素材，再使用Premiere进行视频编辑。

(1) 将收集和制作的素材导入Premiere中进行编辑。

(2) 对背景素材的长度进行适当调节，然后根据视频所需长度，调整各个图片素材所需的持续时间。

(3) 使用文字工具创建需要的字幕，并设置好文字样式。

(4) 根据背景效果，适当调整各个字幕素材和图片素材在时间轴面板的入点位置。

(5) 对素材添加视频运动效果和淡入淡出效果，使影片效果更加丰富。

3. 案例制作

根据对本综合案例的制作分析，可以将其分为5个主要部分进行操作，即创建项目、编辑影片素材、创建字幕、编辑字幕动画和输出影片等主要环节，具体操作如下。

14.1.1 创建项目

01 启动Premiere 应用程序，新建一个项目，如图14-2所示。

02 选择"文件"|"新建"|"序列"命令，打开"新建序列"对话框，选择"设置"选项卡，设置编辑模式为"自定义"，然后设置帧大小，如图14-3所示。

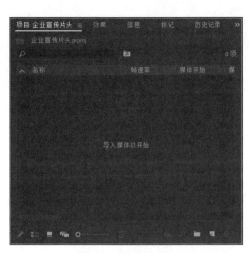

图 14-2　创建新项目　　　　　　　　图 14-3　设置序列帧大小

03 在"项目"面板中导入需要的素材，并将素材进行分类管理，如图14-4所示。

04 选择所有图片素材，然后选择"剪辑"|"速度/持续时间"命令，在打开的对话框中设置图片的持续时间为3秒，如图14-5所示。

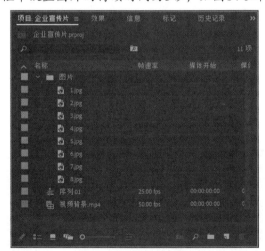

图 14-4　导入并管理素材　　　　　　图 14-5　设置素材持续时间

14.1.2　编辑影片素材

01 将"项目"面板中的"视频背景.mp4"素材添加到"时间轴"面板的视频1轨道中，如图14-6所示。

02 将时间轴指示器移动到第29秒的位置，使用工具箱中的"剃刀工具" 在当前时间位置对视频背景素材进行切割，如图14-7所示。

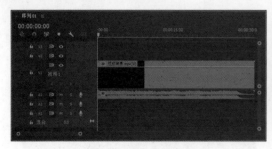

图14-6　添加背景素材

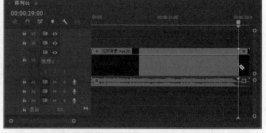

图14-7　切割视频背景素材

03 选择视频素材后面多余的视频，按Delete将其清除，如图14-8所示。

04 将时间轴指示器移动到第5秒的位置，然后将"1.jpg~8.jpg"图片素材依次添加到时间轴面板的视频2轨道中，如图14-9所示。

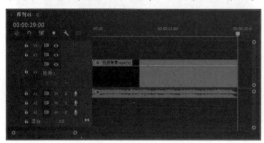

图14-8　删除多余视频

图14-9　添加图片素材

05 选择视频2轨道中的"1.jpg"素材，打开"效果控件"面板，在"混合模式"下拉列表中选择"滤色"选项，如图14-10所示。

06 在"节目监视器"面板中对应用"滤色"混合模式的结果进行预览，效果如图14-11所示。

图14-10　设置混合模式

图14-11　预览效果

07 切换到"效果控件"面板中，在第5秒和第7秒的位置为"缩放"选项各添加一个关键帧，并保持第5秒的缩放值不变，设置第7秒的缩放值为120，如图14-12所示。

08 在"效果控件"面板中框选创建的缩放关键帧，然后右击缩放关键帧，在弹出的菜单中选择"复制"命令，如图14-13所示。

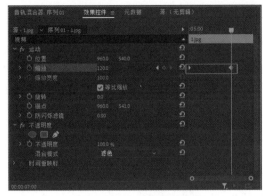

图 14-12 添加并设置关键帧

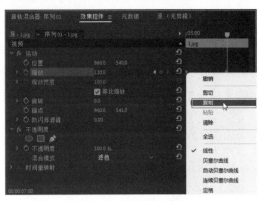

图 14-13 复制缩放关键帧

09 在"时间轴"面板中选择"2.jpg"素材,将时间指示器移到第8秒的位置,然后在"效果控件"面板中右击,在弹出的菜单中选择"粘贴"命令,如图14-14所示,将复制的关键帧粘贴到此处,如图14-15所示。

图 14-14 选择"粘贴"命令

图 14-15 粘贴缩放关键帧

10 在"混合模式"下拉列表中修改素材"2.jpg"的混合模式为"滤色",如图14-16所示。

11 在第11秒、第14秒、第17秒、第20秒、第23秒、第26秒的位置分别为其他图片粘贴复制的缩放关键帧,并将各图片的"混合模式"修改为"滤色",如图14-17所示。

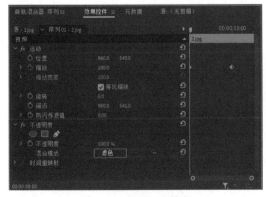

图 14-16 设置混合模式

图 14-17 设置其他图片

14.1.3 创建字幕

01 将时间轴指示器移到第2秒的位置，然后使用"文字工具" T 在"节目监视器"面板中创建文字内容，如图14-18所示。创建的文字将生成在视频3轨道中，入点在当前时间位置，如图14-19所示。

图14-18 创建文字内容

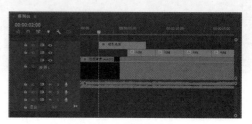

图14-19 创建的文字

02 打开"基本图形"面板，在"文本"选项组中设置文字的字体、字体大小和字符间距，如图14-20所示。

03 在"外观"选项组中设置文字的填充颜色为黄色到白色的线性渐变填充、描边颜色为金黄色，然后选中"阴影"复选框，如图14-21所示。

图14-20 设置文字格式

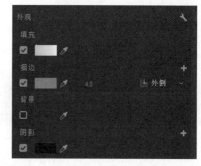

图14-21 设置文本外观

04 在"时间轴"面板中选择创建的文字，然后设置其持续时间为2秒，如图14-22所示。

05 使用同样的方法，创建其他的文字，设置最后一个文字对象的持续时间为3秒，如图14-23所示。

图14-22 设置文字持续时间

图14-23 创建其他文字

14.1.4 编辑字幕动画

01 选择视频3轨道中的第一个文字素材，然后打开"效果控件"面板，在第2秒的位置为"缩放"选项添加一个关键帧，设置该帧缩放值为400，如图14-24所示。

02 在第2秒20帧的位置为"缩放"选项添加一个关键帧，设置缩放值为100，如图14-25所示。

图 14-24 添加并设置关键帧(一)

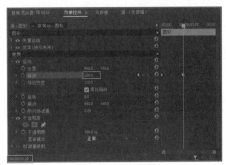

图 14-25 添加并设置关键帧(二)

03 在第2秒和第2秒10帧的位置为"不透明度"选项各添加一个关键帧，设置第2秒的不透明度为0、第2秒10帧的不透明度为100，如图14-26所示。

04 在第3秒15帧和第3秒24帧的位置为"不透明度"选项各添加一个关键帧，设置第3秒15帧的不透明度为100、第3秒24帧的不透明度为0，如图14-27所示。

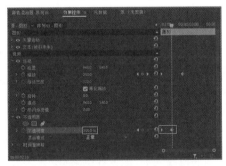

图 14-26 添加并设置关键帧(三)

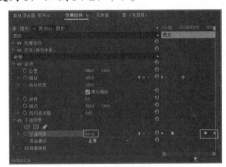

图 14-27 添加并设置关键帧(四)

05 在"节目监视器"面板中对字幕的变化效果进行预览，效果如图14-28所示。

06 在"效果控件"面板中选择创建好的缩放关键帧，然后右击关键帧，在弹出的快捷菜单中选择"复制"命令，如图14-29所示。

图 14-28 预览文字动画效果

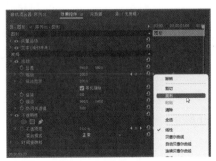

图 14-29 复制缩放关键帧

07 在"时间轴"面板中选择第二个文字素材，将时间指示器移到第5秒，然后在"效果控件"面板中右击，在弹出的快捷菜单中选择"粘贴"命令，如图14-30所示，将复制的关键帧粘贴到此处，如图14-31所示。

图14-30 选择"粘贴"命令

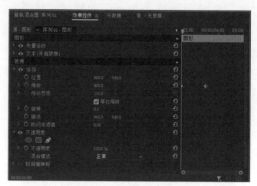

图14-31 粘贴缩放关键帧

08 分别在第8秒、第11秒和第26秒处，将缩放关键帧粘贴到第三个文字、第四个文字和最后一个文字素材中，如图14-32所示。

09 使用同样的方法，将第一个文字的不透明度关键帧依次复制粘贴到其他文字素材中，并适当调整最后一个文字素材的不透明度关键帧，在"时间轴"面板中可以显示素材的不透明度关键帧，如图14-33所示。

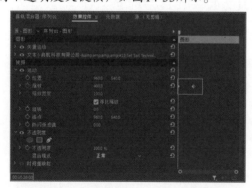

图14-32 在其他字幕上粘贴缩放关键帧

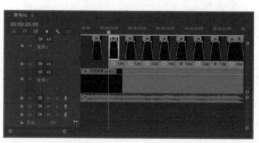

图14-33 复制不透明度关键帧

14.1.5 输出影片

01 在"时间轴"面板中选中创建好的序列，然后选择"文件"|"导出"|"媒体"命令，切换到"导出"面板中，单击"位置"选项的位置链接，如图14-34所示。

02 在打开的"另存为"对话框中设置存储文件的名称和路径，然后单击"保存"按钮，如图14-35所示

03 单击"格式"下拉按钮，在弹出的下拉列表中选择一种影片格式(如H.264)，如图14-36所示。

04 展开"音频"选项组，然后设置音频的采样率参数，如图14-37所示。

图 14-34 单击位置链接

图 14-35 设置文件的名称和路径

图 14-36 选择影片格式

图 14-37 设置音频采样率

05 单击面板右下方的"导出"按钮(如图14-38所示),将项目文件导出为影片文件。

06 在相应的位置可以找到导出的文件,并且可以使用媒体播放器对该文件进行播放,如图14-39所示。至此,完成了本案例的制作。

图 14-38 单击"导出"按钮

图 14-39 播放影片

14.2 公益广告片头

本例将以公益广告片头为例,介绍Premiere在影视后期制作中的具体应用,带领读者掌握使用Premiere进行影视编辑的具体操作流程和技巧。

1. 案例效果

请打开本例完成的项目文件"公益广告片头.prproj",预览本例的最终效果,如图14-40所示。

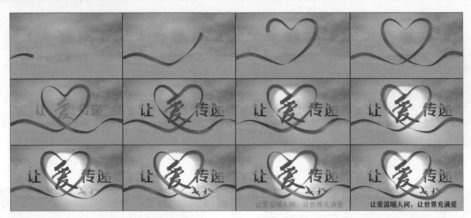

图 14-40　公益广告片头效果

2. 案例分析

在制作该影片前，首先要构思该宣传片所要展现的内容和希望达到的效果，然后收集需要的素材，再使用Premiere进行视频编辑。

(1) 收集或制作所需要的素材，然后导入Premiere中进行编辑。

(2) 在"效果控件"面板中调整素材的位置，达到所需要的视频画面效果。

(3) 对背景素材应用键控效果，丰富视频画面。

(4) 对素材添加视频运动效果和淡入淡出效果，使影片效果更加丰富。

(5) 使用文字工具创建文字图形，并添加淡入淡出效果。

(6) 添加合适的音乐素材，并根据视频所需长度，对音乐素材进行编辑。

3. 案例制作

在创建本案例的过程中，可以将其分为5个主要环节进行操作：创建项目、编辑影片素材、创建影片字幕、编辑音频素材和输出影片文件，具体操作如下。

14.2.1　创建项目

01 启动Premiere 应用程序，新建一个项目，如图14-41所示。

02 在"项目"面板中导入需要的素材，如图14-42所示。

图 14-41　创建新项目

图 14-42　导入素材

03 选择"文件"|"新建"|"序列"命令，打开"新建序列"对话框，选择"设置"选项卡，设置编辑模式为"自定义"，然后设置帧大小，如图14-43所示。

04 在"新建序列"对话框中选择"轨道"选项卡，设置视频轨道数量为5，然后单击"确定"按钮，如图14-44所示。

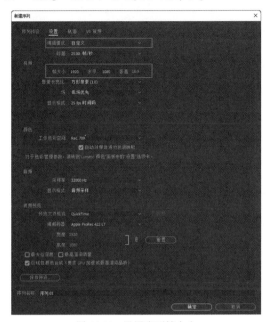

图 14-43 设置序列帧大小

图 14-44 设置轨道数

14.2.2 编辑影片素材

01 将"项目"面板中的爱心视频素材和背景、文字、鸽子图片素材依次添加到"时间轴"面板的视频1~视频4轨道中，如图14-45所示。

02 将时间指示器移到第4秒的位置，在"节目监视器"面板中对影片进行预览，效果如图14-46所示。

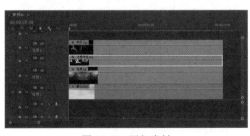

图 14-45 添加素材

图 14-46 视频预览效果

03 将"效果"面板中的"轨道遮罩键"效果添加到"时间轴"面板的"背景.jpg"素材上，然后在"效果控件"面板中设置遮罩的轨道为"视频3"，如图14-47所示。

04 在"节目监视器"面板中预览到的轨道遮罩效果如图14-48所示。

图14-47 设置遮罩轨道为"视频3"

图14-48 轨道遮罩效果

05 在"时间轴"面板中选择"鸽子.png"素材，然后在"效果控件"面板中设置该素材的位置坐标和缩放值，如图14-49所示。影片预览效果如图14-50所示。

图14-49 设置素材位置和缩放

图14-50 素材预览效果

06 在"时间轴"面板中选择"让爱传递.png"素材，然后切换到"效果控件"面板中，在第4秒的位置为"缩放"和"不透明度"选项各添加一个关键帧，设置"缩放"选项值为100、"不透明度"选项值为0，如图14-51所示。

07 将时间指示器移到第5秒的位置，为"缩放"和"不透明度"选项各添加一个关键帧，设置"缩放"选项值为150、"不透明度"选项值为100%，如图14-52所示。

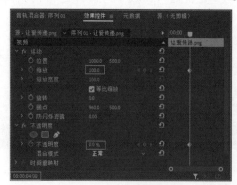

图14-51 设置关键帧(一)

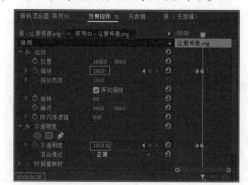

图14-52 设置关键帧(二)

08 将时间指示器移到第7秒的位置，在"时间轴"面板中选择"鸽子.png"素材，然后切换到"效果控件"面板中，为"鸽子.png"素材的"不透明度"选项添加一个关键帧，设置"不透明度"选项值为0，如图14-53所示。

09 将时间指示器移到第8秒的位置，为"不透明度"选项添加一个关键帧，设置"不透明度"选项值为100%，如图14-54所示。

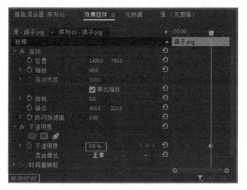

图 14-53 设置关键帧(三)

图 14-54 设置关键帧(四)

10 将"效果"面板中的"光照效果"效果添加到"时间轴"面板的"爱心.mp4"素材上，影片预览效果如图14-55所示。

11 将时间指示器移到第5秒的位置，切换到"效果控件"面板中，为光照效果的"强度"选项添加一个关键帧，设置"强度"选项值为0，如图14-56所示。

图 14-55 光照预览效果

图 14-56 设置"强度"关键帧(一)

12 将时间指示器移到第6秒的位置，为"强度"选项添加一个关键帧，设置"强度"选项值为20，如图14-57所示。

13 在"节目监视器"面板中预览到的光照变化效果如图14-58所示。

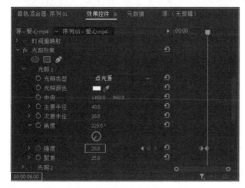

图 14-57 设置"强度"关键帧(二)

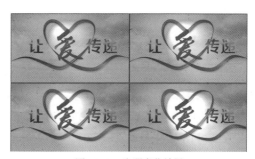

图 14-58 光照变化效果

14.2.3 创建影片字幕

01 使用"文字工具" T 在影片下方输入文本内容，如图14-59所示。

02 打开"基本图形"面板，然后在"文本"选项组中设置文本的字体为"方正粗黑宋简体"，在"外观"选项组中设置文本的填充颜色为红色，如图14-60所示。

图 14-59　创建文本对象　　　　　　　　　　图 14-60　设置文本字体和填充颜色

03 将时间指示器移到第8秒的位置，在"时间轴"面板中选择创建的文本图形，然后切换到"效果控件"面板中，为文本图形的"不透明度"选项添加一个关键帧，设置"不透明度"选项值为0，如图14-61所示。

04 将时间指示器移到第9秒的位置，为"不透明度"选项添加一个关键帧，设置"不透明度"选项值为100%(如图14-62所示)，制作文本图形的淡入效果。

图 14-61　设置"不透明度"关键帧(一)　　　　　图 14-62　设置"不透明度"关键帧(二)

14.2.4 编辑音频素材

01 将"项目"面板中的"优美旋律.mp3"素材添加到"时间轴"面板的音频1轨道中，将其入点放置在第0秒的位置，如图14-63所示。

02 将时间轴指示器移到第10秒的位置，单击"工具"面板中的"剃刀工具"按钮，然后在此时间位置上单击音频素材，将音频素材切割开。然后选择音频素材后面多余的音频，按Delete键将其删除，如图14-64所示。

图 14-63 添加音频素材

图 14-64 切割并删除多余的音频

03 将时间指示器移到第9秒的位置，切换到"效果控件"面板中，为音频素材的"级别"选项添加一个关键帧，设置"级别"选项值为0，如图14-65所示。

04 将时间指示器移到第10秒的位置，为"级别"选项添加一个关键帧，将其音量级别调节为最小，制作声音的淡入淡出效果，如图14-66所示。

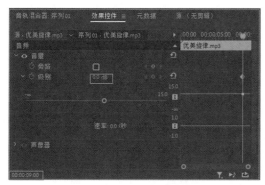

图 14-65 设置"级别"关键帧(一)

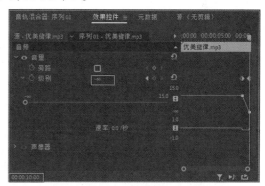

图 14-66 设置"级别"关键帧(二)

14.2.5 输出影片文件

01 在"时间轴"面板中选中创建好的序列，然后选择"文件"|"导出"|"媒体"命令，切换到"导出"面板中，设置导出的名称、位置和影片格式，如图14-67所示。

02 单击面板右下方的"导出"按钮，将项目文件导出为影片文件。使用媒体播放器对影片进行播放，如图14-68所示。至此，完成了本案例的制作。

图 14-67 设置影片导出选项

图 14-68 播放影片

14.3　本章小结

　　本章介绍了Premiere在影视编辑案例中的具体运用。通过本章的学习，读者需要掌握影视编辑过程中的常见流程和方法。

　　在影视编辑过程中，首先将需要的素材对象导入"项目"面板中，当使用素材过多时，还需要对相同类型的素材进行归类管理，以便在影片编辑过程中可以快速找到需要的素材。然后将素材添加到"时间轴"面板中进行视频编辑，在编辑过程中，通常需要对素材的持续时间、位置、缩放、不透明度的参数值进行设置，以达到需要的效果。编辑好视频画面效果后，还需要添加和编辑音频，增加影片的氛围感。最后需将编辑好的项目对象导出为影片文件，以便进行预览观看。

14.4　思考与练习

　　为巩固本章所学知识，加强影视案例的编辑操作，请打开"旅游宣传片头.prproj"练习文件，参考本案例的影片效果和参数设置进行练习，本例的最终效果如图14-69所示。

图 14-69　旅游宣传片头效果